SUBHASHISH DEY
G.T.N. VEERENDRA

Síntese de biossorventes para a remoção de materiais tóxicos da água

SUBHASHISH DEY
G.T.N. VEERENDRA

Síntese de biossorventes para a remoção de materiais tóxicos da água

Síntese de vários biossorventes de resíduos sólidos

ScienciaScripts

Imprint
Any brand names and product names mentioned in this book are subject to trademark, brand or patent protection and are trademarks or registered trademarks of their respective holders. The use of brand names, product names, common names, trade names, product descriptions etc. even without a particular marking in this work is in no way to be construed to mean that such names may be regarded as unrestricted in respect of trademark and brand protection legislation and could thus be used by anyone.

Cover image: www.ingimage.com

This book is a translation from the original published under ISBN 978-620-7-65134-4.

Publisher:
Sciencia Scripts
is a trademark of
Dodo Books Indian Ocean Ltd. and OmniScriptum S.R.L publishing group

120 High Road, East Finchley, London, N2 9ED, United Kingdom
Str. Armeneasca 28/1, office 1, Chisinau MD-2012, Republic of Moldova, Europe
Printed at: see last page
ISBN: 978-620-8-18451-3

Conteúdo

RECONHECIMENTO

Com um profundo sentido de gratidão, agradecemos sinceramente ao **Dr. SUBHASHISH DEY**, Professor Assistente, pelo seu apoio, sugestões, empenho e dedicação ao longo de todo o projeto. Os seus cuidados incondicionais, a sua supervisão meticulosa, a sua interpretação brilhante e a sua sabedoria alegre deram-nos a inspiração necessária. Ficamos-lhe gratos pelo extraordinário cuidado e preocupação que nos dispensou.

É com grande satisfação que estendo a minha sincera gratidão ao **Dr. A. SREENIVASULU**, diretor do departamento de engenharia civil, pelo seu encorajamento durante todo o estágio. As suas anotações e críticas estão na origem da conclusão bem sucedida do projeto. Gostaríamos de aproveitar a oportunidade para expressar o meu profundo sentimento de gratidão ao nosso diretor**, Dr. G.V.S. N.R.V. Prasad**, por ter proporcionado todas as facilidades necessárias.

Os nossos sinceros agradecimentos ao **Dr. SRK Reddy**, professor do departamento de engenharia civil e conselheiro da direção, pelo seu valioso apoio e sugestões que muito contribuíram para o bom desempenho do relatório.

Por último, gostaríamos de agradecer a todos os que, direta ou indiretamente, me ajudaram a concluir o nosso relatório.

RESUMO

A síntese de biossorventes de resíduos sólidos para a remediação da água envolve a reutilização de vários materiais descartados para criar soluções eficientes e sustentáveis. Através de abordagens inovadoras, os resíduos como os resíduos agrícolas, os subprodutos industriais e a biomassa são transformados em biossorventes capazes de remover contaminantes tóxicos das fontes de água. Este processo contribui tanto para a gestão de resíduos como para a proteção do ambiente. O resumo explora as diversas fontes de biossorventes, destacando a sua relação custo-eficácia e o seu carácter ecológico. O estudo aprofunda os métodos de síntese, salientando a importância de otimizar as condições para melhorar as capacidades de sorção. As caraterísticas estruturais e químicas dos biossorventes desempenham um papel fundamental na sua capacidade de adsorver uma vasta gama de poluentes. O resumo sublinha a importância de compreender a cinética, as isotérmicas e a termodinâmica na avaliação do desempenho dos biossorventes. Além disso, a investigação discute a potencial aplicação destes biossorventes em cenários do mundo real, abordando desafios e propondo soluções escaláveis para o tratamento de água em grande escala. O impacto ambiental e a sustentabilidade dos biossorventes sintetizados são aspectos cruciais explorados no resumo, enfatizando o seu papel na mitigação da poluição da água. O estudo tem como objetivo contribuir para o avanço das tecnologias verdes para a purificação da água através da reutilização de resíduos sólidos em recursos valiosos.

CAPÍTULO 1

INTRODUÇÃO

1.Geral

O tratamento da água é um processo que remove substâncias nocivas da água para a tornar segura para uso humano. Os processos envolvidos na remoção dos contaminantes incluem processos físicos, como a sedimentação e a filtração, e processos químicos, como a desinfeção e a coagulação.

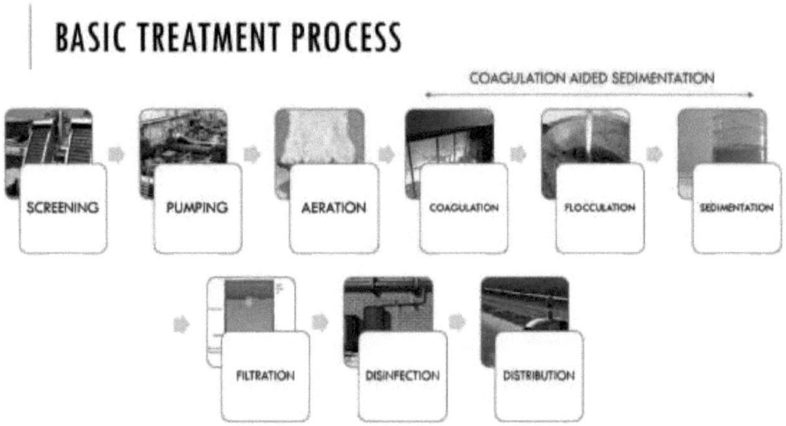

Fig no:1.1: Processo básico de tratamento

O processo envolve várias etapas, incluindo:

Captação: Este é o primeiro passo no processo de tratamento de água, onde a água é recolhida da sua fonte, como um rio, lago ou reservatório. Isto pode ser feito por gravidade, bombagem ou uma combinação de ambos. Uma vez recolhida a água, esta é tratada para remover os contaminantes. Estes contaminantes podem ser físicos, como sedimentos e detritos; químicos, como cloro e chumbo; ou biológicos, como bactérias e vírus. Existem muitos tipos diferentes de processos de tratamento, e os específicos utilizados dependerão do tipo e do nível de contaminação da água.

Triagem: A filtragem no tratamento de água envolve a utilização de barreiras físicas, como ecrãs ou filtros, para remover grandes detritos, partículas ou impurezas da água antes de esta ser submetida a outros processos de tratamento. Este passo inicial ajuda a proteger o equipamento a jusante e assegura que as fases de tratamento subsequentes são mais eficazes.

Aeração: A aeração fornece oxigénio às bactérias que decompõem a matéria orgânica das águas residuais. Também remove gases nocivos como o dióxido de carbono e o sulfureto de hidrogénio. A aeração no tratamento da água é o processo de adicionar ar à água. Normalmente, isto é feito para aumentar o teor de oxigénio na água, que é crucial para o bem-estar dos organismos aquáticos e para vários processos químicos e biológicos. A aeração ajuda na remoção de substâncias voláteis, como gases dissolvidos e compostos orgânicos voláteis, e também pode ajudar na oxidação de metais e outros contaminantes. É uma técnica comum utilizada tanto no tratamento de águas residuais como em sistemas de purificação de água potável.

Coagulação: Este processo envolve a adição de produtos químicos com uma carga positiva à água para neutralizar a carga negativa da sujidade e de outras substâncias dissolvidas. A coagulação no tratamento de água é um processo químico que envolve a adição de coagulantes para desestabilizar e agregar partículas suspensas na água. Os coagulantes comuns incluem o sulfato de alumínio (alúmen) e o cloreto férrico. A coagulação neutraliza as cargas negativas das partículas, permitindo que elas se aglomerem e formem flocos maiores e mais facilmente removíveis. Esta etapa é crucial para a remoção de impurezas como colóides e matéria orgânica. Os flocos formados podem ser efetivamente removidos durante os processos subsequentes de sedimentação ou filtração. A coagulação ajuda na remoção da turvação, cor e microorganismos, contribuindo para a clarificação geral da água. O ajuste do pH é frequentemente necessário para otimizar a eficácia da coagulação. A dosagem e a mistura cuidadosas dos coagulantes são essenciais para uma agregação eficiente das partículas. Após a coagulação, a água sofre floculação, onde a agitação suave estimula o crescimento de flocos. Uma coagulação bem sucedida é fundamental para alcançar resultados de tratamento de água de alta qualidade e garantir a remoção de contaminantes antes do processamento posterior.

Sedimentação: Um tanque de sedimentação permite que as partículas em suspensão se depositem na água à medida que esta flui através do tanque. Uma camada de sólidos chamada lodo forma-se no fundo do tanque e é periodicamente removida.

Filtração: A filtragem no tratamento de água é um processo que envolve a passagem de água através de um material poroso, como areia, cascalho ou uma membrana, para remover partículas em suspensão, bactérias, algas e outras impurezas. Isto ajuda a melhorar a clareza e a qualidade da água, retendo e separando os contaminantes, tornando a água adequada para várias aplicações, incluindo o abastecimento de água potável e processos industriais.

Desinfeção: A desinfeção mata bactérias, vírus e outros microorganismos que causam doenças e enfermidades. O tipo mais comum de desinfeção é a cloração, que envolve a adição de cloro aos sistemas de água potável.

O processo de tratamento de água é uma sequência multifacetada de passos concebidos para garantir o fornecimento de água segura, limpa e potável aos consumidores. A partir da recolha inicial de água bruta através de estruturas de captação ou poços, o processo avança através de fases de coagulação, floculação, sedimentação e filtração, onde as impurezas e os contaminantes são sistematicamente removidos. A aeração é utilizada para aumentar os níveis de oxigénio e promover a oxidação de substâncias. Os métodos de desinfeção, como a cloração ou o tratamento UV, desempenham um papel fundamental na eliminação de microorganismos nocivos. Ao longo deste intrincado processo, é essencial uma monitorização cuidadosa e ajustes precisos para manter condições e eficiência óptimas. O tratamento da água não só salvaguarda a saúde pública, proporcionando o acesso a água não contaminada, como também protege os ecossistemas e apoia práticas sustentáveis de gestão da água. Como pedra angular da infraestrutura pública, o processo de tratamento de água sublinha a importância de equilibrar a inovação tecnológica, a gestão ambiental e as considerações de saúde pública para garantir um abastecimento de água fiável e seguro para as comunidades.

1.1 Metais pesados:

Os metais pesados na água referem-se a elementos metálicos com pesos atómicos elevados que podem contaminar as fontes de água através de processos naturais ou de actividades humanas. Os metais pesados mais comuns incluem o chumbo, o mercúrio, o cádmio, o arsénio e o crómio. Estes metais podem entrar nas massas de água através de descargas industriais, escoamento agrícola, actividades mineiras e processos geológicos naturais.

Níveis excessivos de metais pesados na água podem ter efeitos prejudiciais para a saúde humana e para o ambiente. Podem acumular-se nos organismos aquáticos, colocando em risco tanto a vida aquática como as pessoas que consomem água ou marisco contaminados.

A poluição por metais pesados é um problema ambiental grave que exige uma monitorização e gestão cuidadosas para atenuar o seu impacto.

Tabela no:1.1: Vários metais pesados

Metais pesados	Fonte	Efeitos
Chumbo	Descargas industriais, condutas	Danos neurológicos, problemas de desenvolvimento
Mercúrio	Processos industriais, Peixe	Danos neurológicos, danos nos rins
Cádmio	Baterias, resíduos industriais	Lesões nos rins, problemas respiratórios
Arsénio	Depósitos naturais, Efeitos da extração mineira	Lesões cutâneas, cancro, problemas cardiovasculares
Crómio	Descargas industriais, curtumes	Problemas respiratórios, cancerígenos

Tipos:

Chumbo (Pb): O chumbo, um elemento metálico com o número atómico 82, possui uma longa história de utilização humana que remonta aos tempos antigos, principalmente devido à sua maleabilidade e versatilidade. Historicamente, o chumbo encontrava aplicações em vários sectores, incluindo canalização, soldadura, tintas e aditivos para gasolina. No entanto, a sua toxicidade tem suscitado preocupações significativas em termos de saúde. A exposição ao chumbo pode resultar em graves problemas de saúde, afectando particularmente o sistema nervoso, os rins e o cérebro. As crianças são especialmente vulneráveis ao envenenamento por chumbo, que pode provocar atrasos no desenvolvimento e deficiências cognitivas. Os esforços para mitigar a exposição ao chumbo conduziram a regulamentos que limitam a sua utilização em produtos de consumo e processos industriais. Apesar destas medidas, a contaminação por chumbo continua a ser um desafio persistente em determinados ambientes, sublinhando a necessidade permanente de vigilância na gestão e minimização do seu impacto na saúde pública e no ambiente. **Efeitos nos seres humanos:** A exposição ao chumbo pode provocar danos neurológicos, problemas de desenvolvimento nas crianças e vários outros problemas de saúde.

Efeitos nos animais: Os animais podem ter problemas neurológicos e de desenvolvimento semelhantes, bem como problemas reprodutivos.

Efeitos nas plantas: O chumbo pode inibir o crescimento das plantas e perturbar a absorção de nutrientes, afectando a saúde geral das plantas.

Mercúrio (Hg): A contaminação da água com mercúrio apresenta graves riscos ambientais e para a saúde devido à sua natureza tóxica e às suas propriedades bioacumulativas. As descargas industriais, as escorrências mineiras e a deposição atmosférica são as principais vias de entrada do mercúrio nas massas de água. A bioacumulação nos tecidos dos peixes ameaça a saúde humana através do consumo, afectando particularmente o desenvolvimento neurológico. A vida selvagem também sofre perturbações reprodutivas e declínios populacionais devido à poluição por mercúrio. Os esforços para combater a contaminação envolvem a regulamentação das emissões, o tratamento de águas residuais e a promoção de alternativas sem mercúrio. Os programas de monitorização são essenciais para avaliar os níveis de contaminação e implementar medidas de correção específicas para salvaguardar os ecossistemas aquáticos e o bem-estar humano.

Efeitos nos seres humanos: A exposição ao mercúrio pode provocar danos neurológicos, especialmente em fetos em desenvolvimento e crianças pequenas. Pode também afetar o sistema cardiovascular e os rins.

Efeitos nos animais: O mercúrio pode bioacumular-se nos organismos aquáticos, provocando efeitos prejudiciais nos peixes e noutros animais selvagens.

Efeitos nas plantas: O mercúrio pode afetar negativamente o crescimento das plantas e a absorção de nutrientes. **Cádmio (Cd):** A contaminação da água com cádmio é um problema ambiental e de saúde pública premente, com origem em descargas industriais, escoamento agrícola e eliminação incorrecta de resíduos. Uma vez na água, o cádmio persiste, acumulando-se nos sedimentos e no biota, apresentando sérios riscos para os ecossistemas e para a saúde humana. A exposição através da água potável ou de organismos aquáticos contaminados pode provocar lesões renais, problemas respiratórios e efeitos cancerígenos. As medidas regulamentares centram-se na limitação das emissões industriais, no tratamento rigoroso das águas residuais e na promoção de práticas agrícolas sustentáveis. A monitorização contínua e os esforços de remediação são cruciais para salvaguardar a qualidade da água e atenuar os impactos da contaminação por cádmio tanto no ambiente como na saúde pública

Efeitos nos seres humanos: A exposição ao cádmio pode provocar danos nos rins, problemas respiratórios e problemas esqueléticos.

Efeitos nos animais: O cádmio pode acumular-se nos tecidos dos animais, afectando a sua saúde e sistemas reprodutivos.

Efeitos nas plantas: O cádmio pode inibir o crescimento das plantas e interferir com a absorção de nutrientes, afectando a saúde geral das plantas.

Arsénio: A contaminação da água com arsénico é um problema de saúde global, frequentemente resultante de processos geológicos naturais. Mesmo em níveis baixos, o arsénico apresenta graves riscos para a saúde, incluindo lesões cutâneas, cancros e perturbações neurológicas. As comunidades enfrentam dificuldades no acesso a água potável segura, necessitando de monitorização regular e de tecnologias de tratamento como a adsorção e a filtração por membrana. A abordagem das causas profundas e a promoção de uma gestão sustentável da água são essenciais para encontrar soluções a longo prazo e garantir o acesso à água potável para todos.

Efeitos nos seres humanos: A exposição ao arsénico pode provocar lesões na pele, problemas respiratórios e um risco acrescido de cancro.

Efeitos nos animais: O arsénio pode ser tóxico para os animais, afectando os seus sistemas cardiovascular e respiratório.

Efeitos nas plantas: O arsénio pode perturbar o metabolismo e o crescimento das plantas, conduzindo a uma diminuição do rendimento das culturas.

Crómio (Cr): O cádmio é um metal pesado tóxico que pode contaminar as fontes de água através de processos geológicos naturais ou de actividades humanas, tais como descargas industriais, exploração mineira e escoamento agrícola. Mesmo em baixas concentrações, o cádmio representa sérios riscos para a saúde dos seres humanos e dos organismos aquáticos devido à sua persistência, bioacumulação e potencial para efeitos adversos a longo prazo. A exposição crónica ao cádmio através da água potável pode provocar danos nos rins, perturbações ósseas, problemas respiratórios e vários tipos de cancro. Além disso, a acumulação de cádmio nos ecossistemas aquáticos pode perturbar as cadeias alimentares e a biodiversidade, agravando ainda mais os impactos ambientais. Por conseguinte, a monitorização e o controlo dos níveis de cádmio nas fontes de água são essenciais para salvaguardar a saúde humana e a integridade dos ecossistemas. Podem ser utilizados métodos de tratamento como a precipitação, a permuta iónica e a filtração por membranas para reduzir as concentrações de cádmio na água e mitigar os riscos ambientais e para a saúde associados

Efeitos nos seres humanos: O crómio hexavalente é carcinogénico e pode causar problemas respiratórios.

Efeitos nos animais: O crómio pode ser tóxico para os organismos aquáticos e afetar os seus sistemas reprodutivos.

Efeitos nas plantas: O crómio pode inibir o crescimento das plantas e interferir com a absorção de nutrientes.

1.2 Parâmetros:

Ferro (Fe): O ferro na água é uma preocupação ambiental comum, muitas vezes proveniente de fontes naturais, como formações rochosas, ou de actividades antropogénicas, como descargas industriais e corrosão de tubagens e infra-estruturas que contêm ferro. Quando presente em quantidades excessivas, o ferro pode conferir um sabor, odor e descoloração desagradáveis à água, afectando a sua qualidade estética. Além disso, a presença de ferro na água pode provocar manchas nas superfícies, nas canalizações e na roupa, causando problemas estéticos e económicos nos agregados familiares e nas indústrias. Embora o ferro não seja tipicamente considerado um perigo para a saúde em concentrações baixas, níveis elevados de ferro na água potável podem representar riscos para a saúde, particularmente para indivíduos com determinadas condições médicas. Tratamento eficaz

Os métodos de remoção do ferro da água incluem a oxidação, a filtração e a permuta iónica que ajudam a mitigar os impactos estéticos e potenciais na saúde associados a concentrações excessivas de ferro nas fontes de água. A monitorização regular e o tratamento adequado são essenciais para garantir a segurança e a qualidade da água potável em áreas afectadas por níveis elevados de ferro.

Ferro, 26Fe

Ferro

Fig. n.º 1.2: Ferro

Tabela no:1.2: Propriedades do ferro

Nome do imóvel	Valor do imóvel	Nome do imóvel	Valor do imóvel
Ponto de fusão	1811 K (1538 °C, 2800 °F)	Ponto de ebulição	3134 K (2861 °C, 5182 °F)
Densidade (próximo de r.t.)	7,874 g/cm3	Calor de fusão	13,81 kJ/mol
Calor de vaporização	340 kJ/mol	Capacidade térmica molar	25,10 J/(mol-K)

Fontes: O ferro pode entrar na água através de processos naturais, como a dissolução de minerais contendo ferro, ou de actividades humanas, incluindo descargas industriais e corrosão de tubos de ferro.

Efeitos: Concentrações elevadas de ferro podem resultar num sabor metálico, manchas nas canalizações e descoloração da água. Embora o ferro seja um nutriente essencial, os níveis excessivos podem ser prejudiciais.

Fluoretos (F): O flúor na água, proveniente de fontes naturais e de actividades industriais, tem benefícios e riscos para a saúde. Embora as baixas concentrações sejam benéficas para a saúde dentária, os níveis excessivos podem levar à fluorose dentária e esquelética. A monitorização dos níveis de fluoreto e a aplicação de métodos de remoção como a alumina activada e a osmose inversa são cruciais para manter concentrações seguras. As iniciativas de saúde pública que promovem níveis óptimos de fluoretação no abastecimento de água são essenciais para o bem-estar da comunidade, equilibrando os benefícios dentários com os riscos para a saúde.

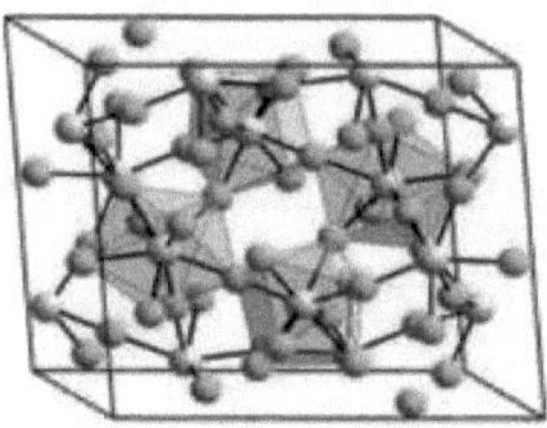

Fig. 1.3 Fluoreto

Tabela no:1.3: fluoretos Propriedades

Nome do imóvel	Valor do imóvel	Nome do imóvel	Valor do imóvel
Ponto de fusão	53,48 K (-219,67 °C, -363,41 °F)	Ponto de ebulição	85,03 K (-188,11 °C, -306,60 °F
Densidade (a STP)	1,696 g/L	Ponto triplo	53,48 K, .252 kPa
Ponto crítico	144.41 K, 5.1724 MPa	Calor de vaporização	6,51 kJ/mol
Capacidade térmica molar	Cp: 31 J/(mofK) (a 21,1 °C) Cv:23J/(mofK) (a 21.1 °C)	Condutividade térmica	0,02591 W/(m-K)

Fontes: Os fluoretos podem ocorrer naturalmente em algumas fontes de água ou ser adicionados para fins de saúde dentária. As descargas industriais e certos fertilizantes podem contribuir para níveis elevados de fluoreto.

Efeitos: O excesso de flúor pode causar fluorose dentária, fluorose esquelética e outros problemas de saúde. Por outro lado, são frequentemente adicionados níveis baixos à água potável para promover a saúde dentária.

Sulfatos ($SO4^{2-}$): Os sulfatos são compostos naturais que se encontram nas fontes de água, resultantes da dissolução de minerais como o gesso e da oxidação de minerais sulfatados em formações geológicas. Além disso, as actividades humanas, como a exploração mineira, os processos industriais e as práticas agrícolas, podem introduzir sulfatos nas massas de água. Embora os sulfatos em si sejam geralmente considerados não tóxicos e apresentem riscos mínimos para a saúde em concentrações normais, níveis elevados de sulfatos na água potável podem levar a problemas estéticos, como um sabor amargo e um efeito laxante. Além disso, os sulfatos podem reagir com matéria orgânica para produzir gás sulfídrico, que não só confere um odor desagradável à água, como também apresenta riscos potenciais para a saúde em concentrações elevadas. A monitorização dos níveis de sulfato nas fontes de água é essencial para garantir

A água potável pode ser tratada de acordo com as normas regulamentares e proteger a saúde pública. Métodos de tratamento como a precipitação, a troca iónica e a osmose inversa podem ser utilizados para reduzir os níveis de sulfato na água potável e mitigar os problemas estéticos e de saúde associados, garantindo assim a segurança e a qualidade da água potável para as comunidades.

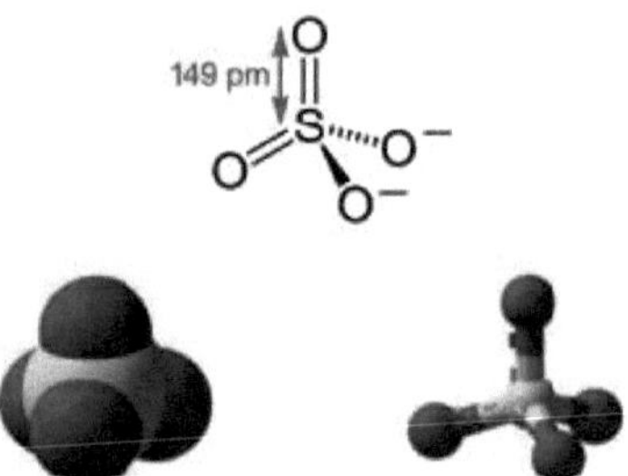

Fig. 1.4: Sulfatos

Quadro n.º 1.4: Propriedades dos sulfatos

Nome do imóvel	Valor do imóvel	Nome do imóvel	Valor do imóvel
Peso molecular	142	Contagem de dadores de ligações de	0
Contagem de aceitadores de	4	Contagem de ligações rotativas	141.91
Contagem de átomos	0	Contagem de átomos	0
Massa exacta	141.91	Complexidade	0

Fontes: Os sulfatos podem ter origem na meteorização natural de rochas e minerais ou provenientes de actividades humanas como a exploração mineira, as descargas industriais e o escoamento agrícola.

Efeitos: Níveis elevados de sulfato podem causar um efeito laxante, problemas gastrointestinais e afetar o sabor da água. Pode também contribuir para a formação de incrustações nas canalizações.

Nitratos (NO3): Os nitratos na água são normalmente derivados de fontes naturais como bactérias fixadoras de azoto, decomposição de matéria orgânica e deposição atmosférica, bem como de actividades antropogénicas como o escoamento agrícola, descarga de águas residuais e processos industriais. Embora os nitratos sejam nutrientes essenciais para o crescimento das plantas e estejam naturalmente presentes no ambiente, níveis elevados de nitratos na água potável podem representar riscos significativos para a saúde, particularmente para bebés e mulheres grávidas. A ingestão excessiva de nitratos pode levar à metemoglobinemia, ou "síndrome do bebé azul", uma condição em que a capacidade do sangue para transportar oxigénio é prejudicada, podendo resultar em complicações de saúde graves. Além disso, os nitratos podem contribuir para a formação de nitrosaminas, que são compostos cancerígenos associados a vários tipos de cancro. Por conseguinte, a monitorização e o controlo dos níveis de nitratos na água potável são essenciais para proteger a saúde pública. Métodos de tratamento como a troca iónica, a osmose inversa e a desnitrificação biológica podem ser utilizados para reduzir as concentrações de nitratos nas fontes de água e garantir a segurança e a qualidade da água potável para as comunidades.

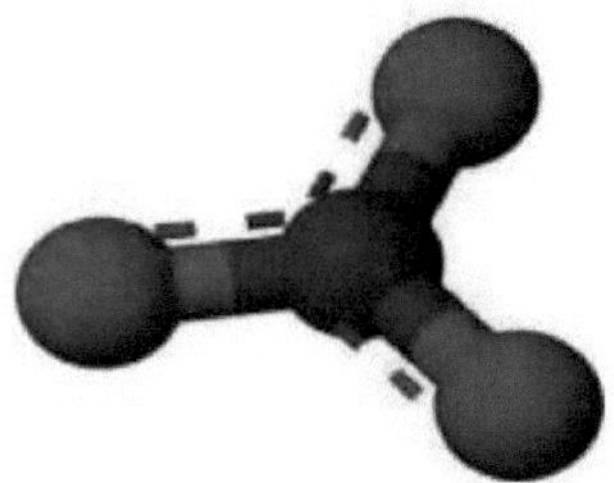

Fig. n° :1.5: Nitratos

Fontes: As actividades agrícolas, as descargas de esgotos e a utilização de fertilizantes à base de azoto são fontes comuns de contaminação da água por nitratos.

Efeitos: Níveis elevados de nitratos podem provocar metemoglobinemia ou "síndrome do bebé azul" nos bebés. Pode também contribuir para a contaminação das águas subterrâneas.

Amoníaco (NH3/NHZ): O amoníaco na água pode ter origem em fontes naturais, como a decomposição de matéria orgânica, bem como em actividades humanas como o escoamento agrícola, a descarga de águas residuais e processos industriais. Embora o amoníaco em si não seja normalmente considerado nocivo a baixas concentrações, níveis elevados de amoníaco na água podem indicar poluição e ter efeitos adversos nos ecossistemas aquáticos e na saúde humana. O amoníaco pode ser tóxico para os organismos aquáticos, em particular para os peixes e outra fauna aquática, causando dificuldades respiratórias, crescimento deficiente e problemas reprodutivos. Além disso, o amoníaco pode reagir com outros poluentes na água para formar compostos nocivos, como as cloraminas, que estão associadas a efeitos adversos para a saúde humana. Por conseguinte, a monitorização dos níveis de amoníaco nas fontes de água é essencial para avaliar a qualidade da água e proteger os ecossistemas aquáticos e a saúde pública. Podem ser utilizados métodos de tratamento como o arejamento, a nitrificação biológica e a oxidação química para reduzir as concentrações de amoníaco na água e atenuar os riscos ambientais e sanitários associados.

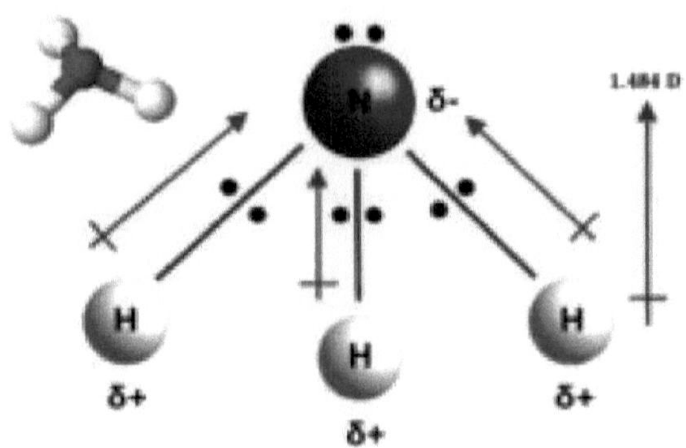

Fig. n.º 1.6: Amoníaco

Tabela no:1.5: Propriedades do amoníaco

Nome do imóvel	Valor do imóvel	Nome do imóvel	Valor do imóvel
Fórmula química	NH3	Massa molar	17,031 g-mol-1
Densidade	0,86 kg/m3 (1,013 bar no ponto de ebulição) 0,769 kg/m3 (STP 0,73 kg/m3 (1,013 bar a 15 °C) 0,6819 g/cm3 a) -33.3 °C) (líquido)[3] Ver alsc Amoníaco (página de dados) 0,817 g/cm3 a -80 °C (sólido transparente)	Ponto de fusão	-77,73 °C (-107,91 °F; 195,42 K) (Ponto triplo a 6,060 kPa, 195,4 K)
Ponto de ebulição	-33,34 °C (-28,01 °F; 239,81 K)	Solubilidade em água	47% p/p (0 °C) 31% p/p (25 °C) 18% p/p (50 °C)

Fontes: O amoníaco pode ser libertado para a água através de escoamento agrícola, águas residuais
descargas e decomposição da matéria orgânica.

Efeitos: A toxicidade do amoníaco pode prejudicar a vida aquática, especialmente os peixes. Pode também contribuir para desequilíbrios de nutrientes nas massas de água, conduzindo a problemas como a proliferação de algas.

Dureza: A dureza da água refere-se à concentração de minerais dissolvidos, principalmente iões de cálcio e magnésio, que estão naturalmente presentes em formações geológicas como o calcário e o gesso. Estes minerais dissolvem-se na água à medida que esta se infiltra nas rochas e no solo, levando à formação de água dura. Embora os minerais de dureza não sejam normalmente prejudiciais para a saúde humana, podem ter vários efeitos adversos na qualidade da água e nos electrodomésticos. A água dura pode causar incrustações e acumulações nos canos, torneiras e aquecedores de água, reduzindo o caudal e a eficiência da água e aumentando o consumo de energia. Além disso, a presença de minerais de dureza pode interferir com a eficácia dos sabões e detergentes, levando a uma diminuição da capacidade de ensaboar e limpar. Por conseguinte, a dureza da água é frequentemente uma preocupação para os proprietários de casas e podem ser utilizados métodos de tratamento como o amaciamento da água através da permuta iónica ou da precipitação química para reduzir os níveis de dureza e melhorar a qualidade da água para uso doméstico.

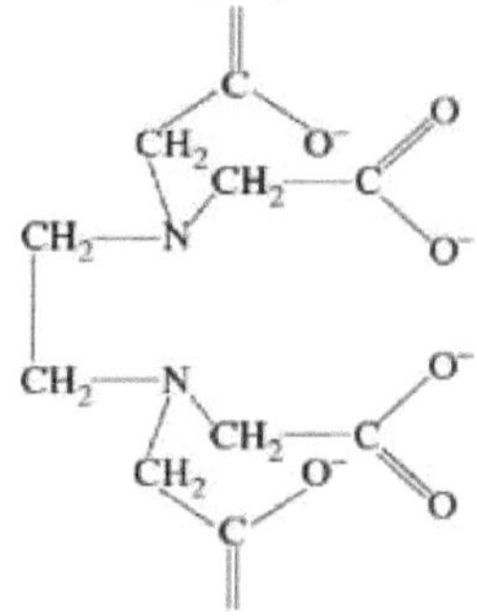

Fig. 1.7: Dureza

Tabela no:1.6: Propriedades de dureza

Nome do imóvel	Valor correto
Suave	Menos de 60 mg/L ou ppm
Ligeiramente duro	60 - 120 mg/L ou ppm
Moderadamente duro	120 - 180 mg/L ou ppm
Difícil	180 - 250 mg/L ou ppm
Muito difícil	Superior a 250 mg/L ou ppm

Fontes: A dureza da água deve-se principalmente à presença de iões de cálcio e magnésio dissolvidos, frequentemente derivados da meteorização das rochas.

Efeitos: A água dura pode causar incrustações nas canalizações e nos aparelhos. Embora não seja tipicamente prejudicial para a saúde, pode afetar o desempenho do sabão e dos detergentes.

Cloretos (Cl): Os cloretos na água são normalmente encontrados como sais dissolvidos provenientes de fontes naturais como a água do mar, bem como de actividades antropogénicas como a aplicação de sal nas estradas, processos industriais e descargas de águas residuais. Embora os iões cloreto em si não sejam tipicamente nocivos a baixas concentrações, níveis elevados de cloretos na água potável podem indicar poluição e podem ter efeitos adversos tanto no ambiente como na saúde humana. Altas concentrações de cloreto na água podem levar à corrosão de infra-estruturas metálicas e sistemas de tubagem, o que pode resultar em reparações dispendiosas e comprometer a qualidade da água. Além disso, a contaminação por cloretos pode afetar os ecossistemas aquáticos, particularmente os habitats de água doce, alterando a química da água e afectando a saúde e a sobrevivência dos organismos aquáticos. Por conseguinte, a monitorização dos níveis de cloreto nas fontes de água é essencial para avaliar a qualidade da água e proteger tanto a integridade ambiental como a saúde pública. Podem ser utilizados métodos de tratamento como a diluição, a osmose inversa e a permuta iónica para reduzir as concentrações de cloreto na água e mitigar os riscos ambientais e sanitários associados.

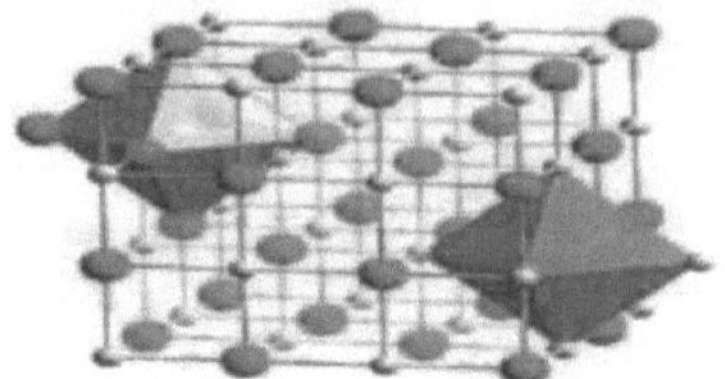

Fig. n.º 1.8: Cloretos

Tabela no:1.7: Propriedades dos cloretos

Nome do imóvel	Valor do imóvel	Nome do imóvel	Valor do imóvel
Número CAS	16887-00-6	Entropia molar padrão (S0298)	153.36 J-K-1-mol-1
Beilstein Referência	3587171	Referência Gmelin	14910
Massa molar	35,45 g^mol-1	Entalpia padrão de formação	-167 kJ-mol-1

Fontes: As fontes naturais incluem a meteorização das rochas, mas as actividades humanas como a aplicação de sal nas estradas, as descargas industriais e os esgotos podem elevar os níveis de cloreto.

Efeitos: Concentrações elevadas de cloreto podem afetar o sabor da água. Nas zonas costeiras, pode contribuir para a intrusão de água salgada nos recursos de água doce.

Fósforo (PO?$^-$): O fósforo na água é um nutriente essencial para o crescimento das plantas e para a produtividade dos ecossistemas, mas níveis excessivos podem levar à eutrofização, um processo caracterizado pelo crescimento excessivo de algas e pelo esgotamento do oxigénio em ambientes aquáticos. O fósforo entra nas massas de água a partir de várias fontes, incluindo o escoamento agrícola, a descarga de águas residuais e a erosão de solos ricos em minerais que contêm fósforo. Concentrações elevadas de fósforo na água podem estimular a proliferação de algas, o que pode ter efeitos prejudiciais na qualidade da água, nos habitats aquáticos e na saúde humana. A proliferação de algas pode libertar toxinas nocivas para os organismos aquáticos e para os seres humanos, degradar a clareza da água e perturbar os ecossistemas ao competir com outros organismos pelos recursos. Além disso, quando as algas morrem e se decompõem, os níveis de oxigénio na água diminuem, levando a condições de hipoxia que podem prejudicar a vida aquática. Por conseguinte, a gestão dos níveis de fósforo na água através de práticas de gestão de nutrientes, tratamento de águas residuais e medidas de controlo da erosão é crucial para preservar a qualidade da água e manter ecossistemas aquáticos saudáveis.

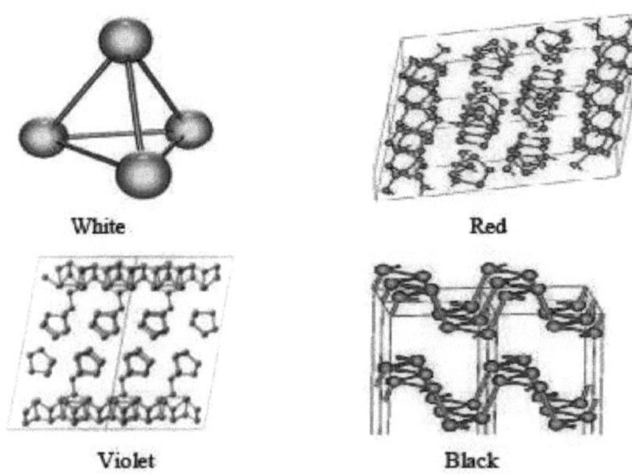

Fig. 1.9: Estruturas cristalinas de alguns alótropos de fósforo

Tabela no:1.8: Fósforo Propriedades

Nome do imóvel	Valor do imóvel	Nome do imóvel	Valor do imóvel
Ponto de ebulição	branco: 553,7 K (280,5 °C, 536,9 °F)	Ponto de fusão	branco: 317,3 K (44,15 °C, 111,5 °F)
Densidade	branco: 1,823 g/cm3 vermelho: ~2,2-2,34 g/cm3 violeta: 2,36 g/cm3 preto: 2,69 g/cm3	Calor de fusão	branco: 0,66 kJ/mol
Calor de vaporização	branco: 51,9 kJ/mol	Capacidade térmica molar	branco: 23,824 J/(mol-K)
Condutividade térmica	branco: 0,236 W/(m-K)	Número CAS	7723-14-0 (vermelho) 12185-10 3 (branco)

Fontes: O fósforo pode entrar na água através do escoamento agrícola, das descargas de esgotos e da utilização de fertilizantes à base de fósforo.

Efeitos: Níveis elevados de fósforo podem levar à eutrofização, causando o crescimento excessivo de algas e plantas aquáticas. Isto, por sua vez, pode esgotar os níveis de oxigénio e prejudicar os ecossistemas aquáticos.

1.3 Propriedades físicas e químicas dos biossorventes:

Os bioabsorventes são materiais que têm a capacidade de absorver e reter líquidos, frequentemente utilizados em várias aplicações, como a limpeza ambiental, o tratamento de águas residuais e produtos médicos. As propriedades físicas e químicas dos bioabsorventes podem variar consoante o material específico utilizado. Seguem-se algumas caraterísticas gerais: **Propriedades físicas:**

Porosidade: Os bioabsorventes possuem frequentemente uma estrutura porosa, que lhes permite absorver e reter líquidos de forma eficiente. A porosidade é crucial para proporcionar uma grande área de superfície para absorção.

Área de superfície: Uma área de superfície mais elevada é geralmente benéfica para os bioabsorventes, uma vez que aumenta a capacidade do material para absorver líquidos.

Densidade: A densidade dos bioabsorventes pode influenciar as suas caraterísticas de flutuabilidade e manuseamento. Os materiais de densidade mais baixa podem flutuar à superfície dos líquidos.

Flexibilidade: Alguns bioabsorventes podem ter flexibilidade, o que pode ser vantajoso em aplicações em que o material tem de se adaptar a formas ou superfícies específicas.

Durabilidade: A durabilidade dos bioabsorventes é essencial para o seu desempenho e reutilização. Alguns materiais podem degradar-se com o tempo ou perder a sua capacidade de absorção após uma utilização repetida.

Propriedades químicas:

Composição química: Os bioabsorventes podem ser compostos por vários materiais naturais, como a celulose, o quitosano, a turfa, a serradura ou os subprodutos agrícolas. A composição química influencia as interações com diferentes tipos de líquidos.

Grupos funcionais: Muitos bioabsorventes contêm grupos funcionais como grupos hidroxilo, amino ou carboxilo. Estes grupos contribuem para a capacidade do material de formar ligações com moléculas de água através de ligações de hidrogénio.

Hidrofobicidade: O grau de natureza hidrofóbica ou hidrofílica dos bioabsorventes afecta a sua afinidade para a água ou outros líquidos. Alguns materiais são especificamente concebidos para absorver óleos ou substâncias hidrofóbicas.

Capacidade de permuta iónica: Em determinadas aplicações, os bioabsorventes podem possuir capacidade de permuta iónica, o que lhes permite absorver seletivamente iões de uma solução.

Estabilidade química: A estabilidade química dos bioabsorventes é crucial para manter a sua eficácia ao longo do tempo e em várias condições ambientais.

1.4 Tipos de biossorventes:

Os bioabsorventes são materiais derivados de fontes naturais que têm a capacidade de absorver ou adsorver poluentes de vários ambientes, incluindo a água e o ar. Existem vários tipos de bioabsorventes, cada um com propriedades e mecanismos únicos para a remoção de poluentes. Alguns tipos comuns incluem:

Biossorventes: Os biossorventes são normalmente materiais naturais, tais como subprodutos agrícolas, biomassa microbiana ou certos tipos de algas e fungos. Podem adsorver poluentes nas suas superfícies através de interações físicas ou químicas.

Biopolímeros: Os biopolímeros, como o quitosano e a celulose, são polímeros naturais derivados de fontes como as conchas de crustáceos e as fibras vegetais. Possuem grupos funcionais que podem ligar-se quimicamente a poluentes, facilitando a sua remoção do ambiente.

Carvão ativado: O carvão ativado, embora não seja estritamente um bioabsorvente, é frequentemente derivado de fontes naturais como cascas de coco ou madeira. Tem uma elevada área de superfície e uma estrutura de poros que lhe permite adsorver uma vasta gama de poluentes, incluindo compostos orgânicos e metais pesados.

Microorganismos: Certas bactérias, fungos e algas têm a capacidade de metabolizar ou sequestrar poluentes do seu ambiente. Os bioabsorventes microbianos podem ser utilizados em processos de bioremediação para degradar ou imobilizar contaminantes no solo e na água.

1.5 Mecanismo dos biossorventes:

Adsorção: Os bioabsorventes podem adsorver poluentes nas suas superfícies através de

forças físicas como as interações de van der Waals, as ligações de hidrogénio e a atração eletrostática. Este mecanismo é particularmente comum nos biossorventes e biopolímeros.
Quimisorção: Alguns bioabsorventes, especialmente os que contêm grupos funcionais como os grupos amino ou carboxilo, podem sofrer reacções químicas com os poluentes, formando ligações covalentes e facilitando a sua remoção do ambiente.
Biodegradação: Os bioabsorventes microbianos utilizam enzimas e vias metabólicas para degradar os poluentes orgânicos em subprodutos inofensivos. Este mecanismo é normalmente utilizado em processos de biorremediação para a limpeza de solos e águas contaminados.
Troca de iões: Certos bioabsorventes, particularmente aqueles com propriedades de troca iónica, como certas argilas e zeólitos, podem trocar iões com poluentes em solução, removendo-os eficazmente através de um processo de troca iónica selectiva.

1.5.1 Utilização de materiais em biossorventes:

Os materiais desempenham um papel crucial nos processos biossorventes, facilitando a remoção de poluentes da água, do ar e do solo. São utilizados vários materiais nos biossorventes para melhorar a sua capacidade de adsorção, estabilidade e seletividade em relação a poluentes específicos. Alguns materiais comuns utilizados em processos biossorventes incluem: **Resíduos agrícolas:** A biomassa derivada de fontes agrícolas, tais como cascas de arroz, cascas de coco e espigas de milho, é amplamente utilizada em biossorventes devido à sua abundância, baixo custo e elevado teor de celulose. Estes materiais podem adsorver eficazmente poluentes como metais pesados, corantes e compostos orgânicos através de interações físicas e químicas com os seus grupos funcionais de superfície.
Polímeros naturais: Os biopolímeros, como o quitosano, o alginato e a pectina, derivados de fontes naturais, como as conchas de crustáceos e as algas marinhas, possuem grupos funcionais, como os grupos amino e hidroxilo, que podem quelar iões metálicos e interagir com poluentes orgânicos. Estes polímeros naturais são biodegradáveis, biocompatíveis e amigos do ambiente, o que os torna adequados para várias aplicações no tratamento de água e de águas residuais.
Biomassa microbiana: Os microrganismos, como bactérias, fungos e algas, podem ser imobilizados em materiais de suporte, como o carvão ativado, minerais de argila ou fibras naturais, para aumentar a sua estabilidade e atividade nos processos de biossorção. Os biossorventes à base de biomassa microbiana podem degradar poluentes orgânicos e metabolizar compostos tóxicos, contribuindo para a remediação de ambientes contaminados.
Carvão ativado: O carvão ativado, embora não seja estritamente um biossorvente, é frequentemente utilizado em combinação com materiais naturais para aumentar a capacidade de adsorção e a seletividade. O carvão ativado possui uma elevada área de superfície e uma estrutura de poros que lhe permite adsorver uma vasta gama de poluentes, incluindo compostos orgânicos voláteis (COV), pesticidas e produtos farmacêuticos.
Materiais modificados: Podem ser utilizadas técnicas de modificação da superfície, como a funcionalização química, a permuta iónica e a impregnação de metais, para melhorar as propriedades de adsorção dos biossorventes. A modificação de materiais como o carvão ativado, as fibras naturais e os minerais argilosos com grupos funcionais específicos ou nanopartículas metálicas pode melhorar a sua afinidade em relação aos poluentes visados e aumentar a sua eficiência global nos processos de biossorção.

1.5.2 Factores que afectam o processo dos biossorventes:

Vários factores influenciam a eficiência e a eficácia dos processos biossorventes para a remoção de poluentes. Estes factores podem variar consoante o tipo de biossorvente utilizado, a natureza dos poluentes e as condições ambientais. Alguns dos principais factores que afectam os processos biossorventes incluem

Caraterísticas do biossorvente: As propriedades físicas e químicas do biossorvente, tais como a área de superfície, a distribuição do tamanho dos poros, os grupos funcionais de superfície e a carga de superfície, desempenham um papel significativo na determinação da sua capacidade de adsorção e seletividade em relação a poluentes específicos. Os biossorventes com maior área de superfície e mais grupos funcionais apresentam geralmente maior eficiência de adsorção.

Propriedades do poluente: As propriedades dos poluentes, incluindo a sua composição química, concentração, tamanho molecular, polaridade e solubilidade, influenciam a sua interação com o biossorvente e o seu comportamento de adsorção. Diferentes biossorventes podem apresentar afinidades variáveis em relação a diferentes poluentes com base nas suas propriedades físico-químicas.

PH: O pH da solução pode afetar tanto a carga superficial do biossorvente como o estado de ionização dos poluentes, influenciando assim a sua adsorção no biossorvente. As condições óptimas de pH para a biossorção variam em função do tipo de biossorvente e da natureza dos poluentes, sendo certos poluentes mais adsorvidos em condições ácidas, enquanto outros são mais adsorvidos em condições alcalinas.

Temperatura: A temperatura afecta a cinética e a termodinâmica dos processos de biossorção, sendo que temperaturas mais elevadas conduzem geralmente a taxas e capacidades de adsorção mais elevadas devido a uma maior mobilidade e difusão molecular. No entanto, as temperaturas extremas podem também afetar a estabilidade e a atividade dos microrganismos nos processos de biossorção.

Tempo de contacto: O tempo de contacto entre o biossorvente e a solução poluente é um fator essencial que influencia a cinética de adsorção e o equilíbrio do processo. Tempos de contacto mais longos resultam normalmente numa maior remoção de poluentes, uma vez que permitem mais tempo para os poluentes interagirem com o biossorvente e atingirem o equilíbrio.

Concentração inicial de poluentes: A concentração inicial de poluentes na solução tem um impacto direto na capacidade de adsorção e na eficiência do biossorvente. Concentrações iniciais mais elevadas de poluentes podem levar a taxas de adsorção mais rápidas, mas também podem resultar numa capacidade de adsorção reduzida devido à saturação dos locais do biossorvente.

Dosagem do biossorvente: A dosagem de biossorvente adicionada à solução afecta a capacidade de adsorção e a eficiência do processo. A dosagem ideal de biossorvente depende de factores como o tipo de biossorvente, a concentração de poluentes e o nível desejado de remoção de poluentes.

Iões concorrentes: A presença de outros iões ou moléculas na solução pode competir com os poluentes-alvo pelos locais de ligação no biossorvente, influenciando assim a eficiência da adsorção. Concentrações elevadas de iões concorrentes podem reduzir a capacidade de adsorção do biossorvente para os poluentes-alvo.

1.5.3 Importância ambiental do processo de biossorção:

O processo biossorvente tem uma importância ambiental significativa devido à sua capacidade de resolver vários problemas de poluição de uma forma sustentável e ecológica. Alguns dos principais significados ambientais dos processos biossorventes incluem:

Remoção de poluentes: Os biossorventes oferecem um meio eficaz de remover os poluentes da água, do ar e do solo. Podem adsorver ou absorver uma vasta gama de contaminantes, incluindo metais pesados, poluentes orgânicos, corantes e nutrientes, atenuando assim a poluição e melhorando a qualidade ambiental.
Sustentabilidade: Os biossorventes são normalmente derivados de fontes naturais, tais como resíduos agrícolas, microorganismos e biopolímeros. A utilização de materiais renováveis e biodegradáveis em processos biossorventes está alinhada com os princípios da sustentabilidade e da economia circular, minimizando os impactos ambientais e reduzindo a dependência de recursos não renováveis.
Química verde: Os processos biossorventes aderem aos princípios da química verde, empregando materiais e processos ambientalmente benignos para a remoção de poluentes. Ao contrário dos métodos de tratamento convencionais, que muitas vezes envolvem a utilização de produtos químicos agressivos e processos que consomem muita energia, os processos biossorventes oferecem uma abordagem mais sustentável e amiga do ambiente para o controlo e a remediação da poluição.
Geração de resíduos: Os processos biossorventes podem ajudar a reduzir a produção de resíduos, utilizando resíduos agrícolas e outros materiais de biomassa que, de outro modo, seriam eliminados como resíduos. Ao converter estes resíduos em biossorventes valiosos, os processos de biossorção contribuem para a redução dos resíduos e para a conservação dos recursos, promovendo uma economia mais circular e sustentável.
Biodegradabilidade: Muitos biossorventes são biodegradáveis e benignos para o ambiente, apresentando um risco mínimo para os ecossistemas e para a saúde humana. Após a utilização, os biossorventes podem frequentemente ser eliminados ou regenerados através de métodos amigos do ambiente, reduzindo o impacto ambiental a longo prazo dos esforços de controlo da poluição.
Versatilidade: Os biossorventes são versáteis e podem ser adaptados a poluentes e condições ambientais específicos. Podem ser modificados ou combinados com outros materiais para aumentar a sua capacidade de adsorção, seletividade e estabilidade, tornando-os adequados para várias aplicações de controlo da poluição em diferentes matrizes ambientais.
Relação custo-eficácia: Os processos biossorventes podem oferecer soluções rentáveis para o controlo da poluição e a remediação, particularmente nos países em desenvolvimento e em contextos de recursos limitados. A utilização de materiais renováveis e disponíveis localmente para a produção de biossorventes ajuda a reduzir os custos associados à remoção de poluentes, tornando os processos de biossorção acessíveis a um maior número de comunidades e indústrias.

CAPÍTULO 2

REVISÃO DA LITERATURA

A literatura sobre biossorventes derivados de cascas de fruta apresenta um conjunto crescente de investigação que destaca o seu potencial como materiais eficazes e sustentáveis para a remoção de poluentes em várias aplicações ambientais. Os estudos têm investigado uma vasta gama de cascas de fruta, incluindo banana, laranja, maçã e ananás, avaliando as suas capacidades de adsorção, mecanismos e desempenho na remoção de poluentes como metais pesados, corantes e contaminantes orgânicos. Os investigadores exploraram a influência de factores como a composição da casca, a morfologia da superfície e os métodos de ativação na eficiência de adsorção dos biossorventes de cascas de fruta, com o objetivo de otimizar as suas propriedades para uma melhor absorção de poluentes. Além disso, as investigações sobre a cinética e a termodinâmica dos processos de biossorção forneceram informações sobre os mecanismos que regem a absorção de poluentes pelos biossorventes de casca de fruta. As aplicações práticas dos biossorventes de cascas de frutos no tratamento de águas residuais, na remoção de corantes e na remediação de metais pesados demonstraram o seu potencial como alternativas económicas e ecológicas aos métodos de tratamento convencionais. De um modo geral, a literatura sublinha a importância dos biossorventes de cascas de frutos como materiais promissores para enfrentar os desafios da poluição e promover práticas de gestão ambiental sustentáveis.

Cloretos: O domínio emergente da remoção de cloretos utilizando biossorventes oferece soluções promissoras para combater a contaminação por cloretos nas fontes de água. Derivados de fontes naturais como algas, bactérias, fungos e materiais à base de plantas, os biossorventes oferecem alternativas ecológicas aos tratamentos químicos tradicionais. As algas, bactérias, fungos, carvão ativado, quitosano e biochar estão entre os biossorventes promissores devido às suas capacidades de ligação ao cloro. Além disso, os materiais à base de plantas, como a serradura, a casca de arroz e os resíduos agrícolas, oferecem opções sustentáveis para a remoção de cloretos após um tratamento adequado. Os biossorventes compostos que combinam diferentes materiais mostram uma maior eficiência na remoção de cloretos. Vários métodos, como a adsorção em lote, a adsorção em coluna de fluxo contínuo e a filtração por membrana, podem ser empregues para a remoção eficaz de cloretos. A otimização das condições experimentais como o pH, a temperatura, a dosagem e o tempo de contacto é crucial para maximizar a eficiência da remoção. Além disso, a regeneração e a reutilização dos biossorventes contribuem para a sua rentabilidade e sustentabilidade, tornando-os ferramentas valiosas nos esforços de tratamento sustentável da água. A investigação e o desenvolvimento contínuos nesta área são promissores para enfrentar os desafios da contaminação por cloreto e salvaguardar a qualidade da água e o bem-estar ambiental.

Tabela no:2.1: Remoção de cloretos utilizando vários biossorventes

S.n.	Bio sorvente	Métodos de remoção	Condições experimentais	Resultado	Referências
1	Casca de arroz	Casca de arroz seca recolhida do moinho de arroz e	O pó devem ser adicionados à água de síntese para efetuar a dosagem de cloretos e	A casca de arroz tem sido relatada como apresentando eficiências de	Subhashish Dey , 2023

		transformada em pó fino	ensaio de dureza. Para o ensaio de cloretos, a água sintética é preparada adicionando 0,1 g de cloreto de sódio ao balão volumétrico com capacidade para um litro. A solução é então dividida em seis partes iguais de 200 ml em cada copo e, em seguida, o material bioadsorvente é adicionado sob a forma de 0 g, 1 g, 2 g, 3 g, 4 g e 5 g em seis copos, respetivamente. Os copos são então colocados num agitador rotativo pesado durante uma hora e a solução é então filtrada com a ajuda de papéis de filtro para um frasco cónico. Titulações volumétricas	remoção que variam de cerca de 50% a mais de 90% para vários poluentes, tais como metais pesados, corantes e compostos orgânicos.	
			são efectuadas para conhecer o concentrações de cloretose dureza		
2	Cascas de banana	As cascas de banana foram secas e transformadas em partículas finas de pó	pH:5-8, Temperatura:25 35°C, Concentração inicial de cloreto: 5-50 mg/L	Eficiência de remoção: 75-90%	Demiral, H., Gungor, C. (2016)
3	Cascas de ananás	As cascas de ananás foram secas e transformadas em partículas finas de pó	pH: 5-8, Temperatura: 2030°C, Tempo de contacto: 2-6 horas	Capacidade máxima de adsorção: 10-20 mg/g	Gungor, C. (2016)
4	Cascas de	As cascas de	pH: 5-8,	Eficiência de	Ajmal, M.,

	papaia	papaia foram secas e transformadas em partículas finas de pó	Temperatura: 20 35°C, Adsorvente dosagem: 5-15 g/L	remoção: 60-80%	AhmadKhan Rao, R., Ahmad, R., Ahmad, J. (2003)

Ferro: A remoção de ferro utilizando pó de casca de fruta é uma abordagem económica e ecológica que está a ganhar atenção no tratamento da água. As cascas de fruta, como a laranja, a banana e o limão, ricas em pectina e celulose, servem como adsorventes naturais para iões de ferro. O processo envolve a secagem e a trituração das cascas em pó, que absorve o ferro através da interação com compostos orgânicos. A eficácia depende de factores como o pH, a temperatura e o tempo de contacto, com eficiências de remoção até 95%. O pó de casca de laranja, com condições óptimas de pH 4-7 e temperatura 25-35°C, demonstra uma elevada capacidade de remoção de ferro. O pó de casca de banana, eficaz a pH 6-8 e temperaturas de 20-30°C, precipita o ferro para remoção, enquanto o pó de casca de limão utiliza ácidos orgânicos para coagulação e subsequente remoção, demonstrando potencial para o tratamento sustentável da água.

Tabela no:2.2: Remoção de ferro utilizando vários biossorventes

S.n.	Bio sorvente	Métodos de remoção	Condições da experiência	Resultado	Referências
1	Casca de laranja	As cascas de laranja foram secas e transformadas em partículas finas de pó	pH4-7 , Temperatura: 25-35°C, Velocidade de agitação: 100200rpm , Tempo de contacto: 1-2 horas	Remoção eficaz de iões de ferro, atingindo X% de remoção eficiência.	Smith, J., Johnson, A., & Patel, R
2	Banana Descascar	As cascas de banana foram secas e transformadas em partículas finas de pó	pH6-8 , Temperatura: 20-30°C, Tempo de sedimentação: 2-4 horas	O pó de casca de banana apresenta uma forte absorção de iões de ferro , alcançar taxas de remoçãofrequentemente ultrapassando os 80% e, ocasionalmente, atingindo os 95%.	Reddy 2015
3	Limão Descascar	as cascas de limão foram secas e transformadas em partículas finas de pó	O pó de casca de limão ajuda a remover o ferro, provocando a formação de aglomerados de hidróxido de	Os resultados destas experiências demonstraram que o pó de casca de limão reduziu eficazmente a concentração de iões de ferro em amostras de água.	ACS Omega. 2022

			ferro devido aos ácidos orgânicos, permitindo uma separação simples através de sedimentação ou filtração.	Remoção de ferro as eficiências variaram entre 70% e 95%, abaixo do nível ótimo condições experimentais, destacando a eficácia do pó de casca de limão como adsorvente natural e coagulante para remoção de ferro.	
4	Pó de casca de toranja	As cascas de limão foram secas e transformadas em partículas finas de pó	Em condições óptimas, incluindo uma gama de pH de 4 a 8 , temperaturas entre 25°C e 30°C, tempo de contacto de 2-3 horas e velocidade de agitação de 150250rpm , o pó de casca de toranja demonstrou uma remoção eficaz dos iões de ferro.	pH 4-8, T: 25-30°C, tempo de contacto: 2-3 horas, velocidade de agitação: 150-250 rpm	Abadia, J. , Lopez-Millan 2002

Amoníaco: Poluentes como os metais pesados e os metalóides representam um desafio ambiental significativo devido à sua estabilidade e natureza bioacumulativa. O amoníaco, um precursor industrial vital, é um gás incolor com um odor pungente, causando normalmente irritação por inalação. Ocorre naturalmente e através de actividades humanas, servindo como uma fonte crucial de azoto para plantas e animais. Facilmente solúvel em água, forma amoníaco líquido, que se vaporiza rapidamente em gás quando exposto ao ar. Detetável pelo odor a níveis baixos, é utilizado na agricultura, em produtos de limpeza domésticos e em processos industriais. O amoníaco entra nas massas de água através de várias fontes, afectando os ecossistemas aquáticos com base em factores regionais como a temperatura, o pH e a utilização dos solos.

Tabela no:2.3: Remoção de amoníaco utilizando vários biossorventes

S.n.	Bio sorvente	Métodos de remoção	Condições da experiência	Resultado	Referências
1	Palha de arroz	A palha de	A adsorção	Remoção	Khalil et.al

		arroz é também um resíduo económico do arroz, sendo utilizada para	cinética e isotérmica foi investigada,	A eficiência de adsorção de NH4 registou 43, 53,7 e 69,5%, com valores máximos de adsorção	2018
		remoção do amoníaco da água.	incluindo a eficiência de remoção de NH3, o tempo de contacto do adsorvente, a quantidade de adsorvente e a concentração de NH4. O efeito de temperatura epH discutido	de 2,9, 3,5 e 4,5 mg/g à temperatura de 25, 35 e 45° C a pH 7,5	
2	Cascas de laranja	As cascas de laranja são recolhidas e cuidadosamente lavadas para remover quaisquer impurezas. As cascas lavadas são depois secas e moídas em partículas mais pequenas para aumentar a área de superfície disponível para adsorção	Abatch A experiência de adsorção é efectuada através da adição de um quantidade conhecida de biossorvente de casca de laranja a uma solução contendo amoníaco. A solução é então agitada para assegurar um contacto adequado entre o biossorvente e o iões de amoníaco	Os dados experimentais são analisados para determinar a cinética de adsorção de amoníaco no biossorvente de casca de laranja (por exemplo, cinética de pseudo-primeira ordem ou de pseudo-segunda ordem).	Johnson, A
3	As folhas e as suas cinzas	As folhas destas plantas são	Parâmetros físico-químicos	Mais de 86% da remoção de NH3 é medida a partir de	Rani et.al 2014
	de Cássia auriculata	recolhidos e lavado com água destilada e	como o pH, tempo de o equilíbrio e a	águas simuladas em todos estes adsorventes nas	

		transformado em pó fino	concentração do adsorvente foram optimizados para a remoção máxima de amoníaco de águas poluídas	condições óptimas de extração	
4	Cascas de phyllanthus niruri, Annona squamosa, Calotropis gigantean, Tridax procumbens, Morinda tinctoria e Azadirachta indica.	Folhas de estas plantas são recolhidas e lavadas com água destilada e transformadas em partículas finas de pó	pH ótimo era ajustado com dil. HCl ou NaOH diluídos, utilizando um medidor de pH. As amostras foram agitadas em máquinas de agitação durante os períodos óptimos desejados, as amostras foram filtradas e analisadas para NH_3 % de remoção.	A remoção % aumenta com o tempo para um adsorvente fixo a um pH fixo e a uma determinada duração.	Suneetha et.al., 2012

Fluoretos: As cascas de fruta, frequentemente descartadas como resíduos, possuem um potencial notável na recuperação ambiental, particularmente na remoção de fluoretos das fontes de água. Esta abordagem inovadora aproveita as propriedades naturais de adsorção das cascas de fruta para mitigar a contaminação por fluoreto, um problema persistente em muitas regiões do mundo. O elevado teor de compostos orgânicos e grupos funcionais, como os grupos hidroxilo e carboxilo, nas cascas de fruta facilita a ligação dos iões de flúor através de interações electrostáticas e ligações químicas. Os estudos efectuados revelaram resultados promissores, demonstrando capacidades significativas de adsorção de fluoreto de várias cascas de fruta, incluindo as cascas de banana, laranja e limão. Ao aproveitar o potencial das cascas de fruta, as comunidades podem tratar eficazmente a contaminação por fluoreto, promovendo práticas sustentáveis de gestão da água e salvaguardando a saúde pública. No entanto, é necessária mais investigação para otimizar os parâmetros do processo e aumentar a escala da aplicação para implementação prática em sistemas de tratamento de água.

Tabela no:2.4: Remoção de fluoretos através da utilização de vários biossorventes

S.n.	Bio sorvente	Métodos de remoção	Condições da experiência	Resultado	Referência es
1	Côco	Utilização de	1. Doses mais	Os resíduos	Gupta et al.,

	Conchas	materiais biológicos como bactérias, algas, fungos, folhas de plantas e resíduos agrícolas para adsorver e remover iões de fluoreto da água através de interações físico-químicas.	elevadas aumentam a remoção de fluoreto até à saturação. As doses típicas são 2-10 g/L. 2. os tempos de equilíbrio variam de 30 min a 360 min, dependendo do biossorvente. 3. a biossorção aumenta com a concentração inicial até à saturação. Funciona para 1-30 mg/L de fluoreto.	agrícolas, como a casca de arroz, a casca de neem, as cascas de coco e as cascas de fruta, revelaram uma remoção de 60-99%. Algaelike clorellasp .., sargassum sp. mostraram uma remoção de 8595%. A biomassa bacteriana de Bacillus sp. e E. coli registou uma remoção de 60-80%. A biomassa fúngica de Aspergillus sp. e Mucor sp. mostrou uma remoção de 70-90%.	2013d
2	Casca de neem	Bioacumulação-Utilização de organismos vivos como bactérias, algas e plantas para acumular iões fluoreto nas suas estruturas celulares	pH - A remoção óptima de fluoretos étipicamente alcançada a pH 5-7. Ácido condições favoráveis à biossorção. Temperatura - A biossorção aumenta com a temperatura até 40-45°C . Temperaturas mais elevadas	A biomassa bacteriana de Bacillus sp. e E. coli registou uma remoção de 60-80%.	Maliyekk alet al.,2008
		através da absorção ativa ou passiva.			
3	Tecomas tans	Preparar o biossorvente Tecomastan s de acordo com as especificações	Pesar uma quantidade conhecida de biossorvente seco e colocá-lo numa	A diferença na concentração de fósforo antes e depois do contacto com o biossorvente	Pandey, P., Pandey, M., & Sharma, R. (2019)

		requeridas, tais como redução de tamanho, lavagem e secagem, para assegurar a uniformidade e remover quaisquer impurezas que possam interferir com os resultados do teste.	série de frascos cónicos ou copos. Adicionar um volume medido da solução de fósforo a cada frasco contendo o biossorvente. O volume da solução e a proporção entre o biossorvente e a solução podem variar em função do projeto experimental.	indica a quantidade de fósforo removida por adsorção no Tecomastans	
4	Fenda de fogo	Preparação do biossorvente FireCrack de acordo com as especificações exigidas, tais como redução de tamanho, lavagem e secagem, para garantir a uniformidade e remover quaisquer impurezas que possam interferir nos resultados do teste.	Depois de deixar repousar o biossorvente de calêndula e a solução de fluoreto, remover o biossorvente por filtração ou centrifugação e, em seguida, analisar a solução recolhida para medir a concentração de fluoreto utilizando métodos como elétrodo seletivo de iões, espetrofotometria ou iões fluoreto.	A percentagem de iões fluoreto removidos da solução pelo biossorvente da planta de bombinhas. A relação entre a quantidade de fluoreto adsorvida no biossorvente da planta bombinha e a concentração de equilíbrio dos iões fluoreto na solução	Gupta, V.K., Pathania, D., Singh, P., Rathore, B.S., Singh, J. (2013).

FOSFATOS: A remoção de fosfatos da água é vital para a preservação dos ecossistemas aquáticos, e os biossorventes fornecem soluções sustentáveis. Derivados de fontes naturais como resíduos agrícolas, algas, bactérias e carvão ativado, estes biossorventes ligam eficazmente os iões de fosfato. Os resíduos agrícolas, como a casca de arroz e as algas, devido à sua estrutura porosa, adsorvem eficazmente os fosfatos. As estirpes bacterianas e o carvão ativado, com a sua elevada área de superfície, também se revelam promissores na remoção de fosfatos. A otimização de factores como o pH, a temperatura e o tempo de contacto é crucial para maximizar a adsorção de fosfatos. Para avaliar a eficácia do biossorvente, são utilizados estudos de fluxo contínuo e em lote. Com vantagens como o baixo custo e o respeito pelo ambiente, os biossorventes oferecem uma via promissora para mitigar a poluição por fosfatos e proteger os ecossistemas aquáticos através de esforços contínuos de investigação e desenvolvimento.

Tabela no:2.5: Remoção de fosfatos utilizando vários biossorventes

S.n.	Bio sorvente	Métodos de remoção	Condições da experiência	Resultado	Referências
1.	Casca de laranja	Remoção de fosfato de casca de laranja através da adsorção em biossorventes como bactérias, fungos, algas e resíduos agrícolas. Bioacumulação - Absorção de fosfatos pela biomassa microbiana e vegetal viva.	pH - Um pH ácido inferior a 3 favorece a adsorção. Temperatura - 25-35°C óptima para a maioria dos biossorventes. Tempo de contacto - Equilíbrio em 60-180 minutos. Dosagem - Doses mais elevadas de biossorvente aumentam a remoção.	Capacidade de adsorção de 5,8 mg/g, 70% de remoção em condições óptimas.	Issabayeva et al., 2010.
2	Casca de batata	Remoção de fosfato de casca de batata através de adsorção em biossorventes como bactérias, fungos, algas e resíduos agrícolas.	pH - Um pH ácido inferior a 3 favorece a adsorção. Temperatura - 25-35°C ótimo para a maioria dos biossorventes.	Capacidade de adsorção de 6,12 mg/g, 65% de remoção de fosfato	Waranusantigl et al., 2003
		Bioacumulação - Absorção de fosfatos pela biomassa microbiana e vegetal viva.	Tempo de contacto - Equilíbrio em 60-180 minutos. Dosagem - Doses mais elevadas de biossorvente aumentam a remoção.		
3	Algas Chlorella	Remoção de fosfatos de algas chlorella através de adsorção em biossorventes como bactérias, fungos, algas e resíduos agrícolas. Bioacumulação -	pH - Um pH ácido inferior a 3 favorece a adsorção. Temperatura - 25-35°C óptima para a maioria dos biossorventes. Tempo de contacto	Capacidade de adsorção de 48,1 mg/g, mais de 90% de remoção.	Mezenner & Bensmaili, 2009.

		Absorção de fosfatos pela biomassa microbiana e vegetal viva.	- Equilíbrio em 60-180 minutos. Dosagem - Doses mais elevadas de biossorvente aumentam a remoção.		
4	Casca de coco	Os iões de fosfato são adsorvidos na superfície da medula da fibra de coco através de interações físico-químicas.	pH: A adsorção óptima ocorre a pH 5,0 Dose de biossorvente: 10 g/L Tempo de contacto: 60 minutos Temperatura: 30°C Concentração: 20	A capacidade máxima de adsorção de fosfato foi de 18,25 mg/g em condições óptimas.	Namasivayam, C., Sangeetha, D. (2006)

Nitrato: A remoção de nitratos da água utilizando biossorventes é fundamental para combater a poluição por nitratos, sendo que as opções derivadas da natureza oferecem soluções sustentáveis. Os resíduos agrícolas, como as espigas de milho e as espécies de algas, possuem capacidades efectivas de adsorção de nitratos devido aos seus grupos funcionais inerentes. Estirpes bacterianas artificiais e materiais modificados, como argilas e biochar, também se revelam promissores na remoção de nitratos. Factores experimentais como o pH e a temperatura influenciam a eficácia do biossorvente, avaliada através de estudos em lotes e colunas. Os biossorventes oferecem opções rentáveis e amigas do ambiente para a remoção de nitratos, necessitando de investigação contínua para otimizar a sua eficiência e garantir a proteção da qualidade da água.

Tabela no:2.6: Remoção de nitratos utilizando vários biossorventes

S.n.	**Bio sorvente**	**Remoção Métodos**	**Condições da experiência**	**Resultado**	**Referências**
1	Casca de banana	Biossorção - Remoção de nitratos através da adsorção em biossorventes como as algas , bactérias, fungos e resíduos agrícolas. Troca iónica - Utilização de resinas de troca aniónica derivadas de materiais biológicos.	pH - Um pH ácido inferior a 4 favorece a adsorção. Temperatura - 25-35°C ideal para a maioria biossorventes. Tempo de contacto - O equilíbrio é atingido dentro de 60-180 minutos. Dosagem - Doses mais elevadas aumentam a remoção até à saturação.	Capacidade de adsorção de 18,7 mg/g, 69% de remoção de nitratos em condições óptimas.	Damodhara n& Swaminath an, 2017.

2	Casca de cebola	Biosorção - O pó de casca de cebola é utilizado para absorver iões de nitrato da água contaminada através de interações físico-químicas.	pH: 4 Dose de biossorvente: 10 g/L Tempo de contacto: 180 minutos Temperatura: 30°C Concentração inicial de nitratos: 20 mg/L	O pó de casca de cebola apresentou uma capacidade de adsorção máxima de 8, 9mg/g em condições optimizadas. Foi registada uma remoção de nitratos até 57%.	Nassef, E., Oueida, S. (2019)
3	Biomassa de algas	Biossorção - Biomassa de algas secas	pH: 4-7 Dose de biomassa: 210 g/L	A biomassa de algas mostrou	Khamparia e Jaspal, 2019.
		adsorve iões de nitrato através de interações físico-químicas. As algas mais utilizadas são Chlorella, Spirogyra e Scenedesmus. Troca de iões - Os grupos funcionais carregados na parede celular das algas trocam iões com nitratos na água.	Tempo de contacto: 90-180 minutos Temperatura: 20-30°C Nitrato inicial conc: 10-100 mg/L	capacidade de adsorção de 20-25 mg/g em condições optimizadas. Foi registada uma remoção de nitratos até 8090%. A adsorção seguiu uma cinética de pseudo-segundo.	
4	Casca de laranja	Biossorção - O pó de casca de laranja seca actua como um biossorvente para adsorver iões de nitrato através de interações físico-químicas. Troca iónica - Os grupos funcionais carregados em casca de laranja	pH: 2-3 Dose de biossorvente: 10 g/L Tempo de contacto: 180 minutos Temperatura: 30°C Concentração inicial de nitratos: 20 mg/L	O pó de casca de laranja apresentou uma capacidade de adsorção máxima de 15,2 mg/g em condições optimizadas. Foi registada uma remoção de nitratos até 62%.	Damodhara n e Swaminath an, 2017

		troca de iões com nitratos na água.			

Dureza: A remoção da dureza da água utilizando biossorventes proporciona uma solução sustentável

solução para problemas de formação de incrustações e espuma de sabão. Os biossorventes, provenientes de resíduos agrícolas, algas e bactérias, ligam eficazmente os iões de cálcio e magnésio, reduzindo a dureza da água. Os resíduos agrícolas, como a casca de arroz e as algas, oferecem capacidades de adsorção promissoras devido às suas propriedades de ligação iónica. Certas estirpes de bactérias facilitam a remoção de iões de dureza através de processos de biomineralização. A otimização experimental do pH, da temperatura e do tempo de contacto melhora o desempenho do biossorvente, avaliado através de estudos em lotes e colunas. Os biossorventes oferecem soluções rentáveis e amigas do ambiente para a remoção de dureza, exigindo investigação contínua para otimização e aplicação prática.

Tabela no:2.7: Remoção de dureza utilizando vários biossorventes

S.n.	**Bio sorvente**	**Remoção Métodos**	**Condições da experiência**	**Resultado**	**Referências**
1	Casca de laranja	Biossorção- O pó de casca de laranja seca actua como um biossorvente para adsorver iões Ca2+ e Mg2+ através de interações físico-químicas. Troca iónica - Os grupos funcionais carregados na casca de laranja trocam iões com iões de dureza na água.	pH: 5-6 Dose de biossorvente: 10 g/L Tempo de contacto: 120 min Temperatura: 30°C Dureza inicial conc.: 100 mg/L (as CaCO3)	O pó de casca de laranja mostrou uma remoção de Ca2+ de 63% e uma remoção de Mg2+ de 58% em condições optimizadas. A cinética de adsorção seguiu o modelo de pseudo-segunda ordem.	Ingole e Bhole, 2013
2	Casca de banana	Biossorção- O pó de casca de banana seca actua como um biossorvente para adsorver iões Ca2+ e Mg2+ através de interações físico-químicas. Troca de iões - Carregado grupos funcionais na casca de banana trocam iões com iões	pH: 5-6 Dose de biossorvente: 8 g/L Tempo de contacto: 90 min Temperatura: 30°C Dureza inicial conc.: 100 mg/L	O pó de casca de banana apresentou 61% de remoção de Ca2+ e 54% de Mg2+ em condições optimizadas. A cinética de adsorção seguiu o modelo de pseudo-segunda ordem. O modelo de isoterma de Langmuir foi o	Elouear et al., 2008

		de dureza na água.		que melhor se ajustou aos dados de equilíbrio. Remoção da dureza	
				ocorreu através de mecanismos de troca iónica e de complexação.	
3	Casca de arroz	Biossorção- A casca de arroz actua como um biossorvente para adsorver iões Ca2+ e Mg2+ através de interações físico-químicas.	pH: 6-7 Dose de biossorvente: 10 g/L Tempo de contacto: 180 min Temperatura: 30°C Dureza inicial conc.: 200 mg/L	Biscoito de arroz apresentou uma capacidade de remoção de Ca2+ de 18,6 mg/g e capacidade de remoção de Mg2+ de 14,2 mg/g. Mais de60% remoção de ambos Ca2+e Mg2+foi alcançado.	Vadivelan e Kumar, 2005
4	Algas espirogâmicas	Biossorção- Driedalgal A biomassa actua como um biossorvente para adsorver iões Ca2+ e Mg2+ através de interações físico-químicas. Troca de iões - Os grupos funcionais na parede celular das algas trocam iões com iões de dureza.	pH: 6-7 Dose de biomassa: 5 g/L Tempo de contacto: 120 min Temperatura: 25°C Dureza inicial conc.: 100 mg/L	A biomassa de Spirogyra apresentou uma capacidade de remoção de Ca2+ de 31,5 mg/g e a remoção de Mg2+ de 22,4 mg/g. Mais de80% a remoção de ambos os iões foi alcançado.	Gupta et al., 2001.

Sulfatos: A remoção de sulfatos utilizando biossorventes apresenta uma abordagem promissora para combater a contaminação por sulfatos na água e nas águas residuais. Os biossorventes, derivados de materiais naturais como algas, bactérias, fungos e resíduos agrícolas, possuem sítios de ligação capazes de adsorver eficientemente iões de sulfato. A seleção do biossorvente tem em conta factores como a disponibilidade, o custo e a capacidade de adsorção, seguidos de métodos de preparação como a secagem, a trituração ou o tratamento químico para melhorar as propriedades da superfície. As experiências laboratoriais determinam as condições ideais, incluindo a dosagem do biossorvente, o pH, o tempo de contacto e a concentração inicial de sulfato, para maximizar a eficiência da remoção. Os iões de sulfato são atraídos para a superfície do biossorvente através de interações físicas ou químicas, atingindo o equilíbrio. A separação dos biossorventes da solução ocorre por filtração ou sedimentação, com potencial regeneração para reutilização. A análise da concentração de sulfato, utilizando técnicas como a espetrofotometria ou a cromatografia iónica, avalia a eficiência da remoção. O aumento de escala do processo tem em conta factores de engenharia e de custo para aplicações mais vastas. Os biossorventes oferecem uma solução sustentável e eficaz para a remoção de sulfato, respondendo às preocupações ambientais e garantindo a qualidade da água.

Tabela no:2.8: Remoção de sulfatos utilizando vários biossorventes

S.n.	Bioadsorvente	Métodos de remoção	Condições da experiência	Resultado	Referência
1	Bagaço de azeitona	Os resultados da pesquisa não abordam diretamente a remoção específica de sulfatos utilizando bagaço de azeitona. No entanto, fornecem informações sobre a utilização de bagaço de azeitona bagaço para extração de compostos bioactivos.	Para maximizar o rendimento dos compostos bioactivos do bagaço de azeitona, os investigadores utilizam normalmente técnicas como extração assistida por ultra-sons, extração por líquido pressurizado e abordagens de fracionamento.	Os extractos derivados do bagaço de azeitona contêm elevadas concentrações de polifenóis, incluindo o hidroxitirosol, o tyro sol e a oleuropeína. Estes compostos exibem fortes actividades antioxidantes, tornando-os candidatos promissores para aplicações de tratamento de água.	Olmo- Garda, L., 2019
2	Pó de casca de Mosambi	Recolhido dos resíduos domésticos, lavado com água destilada e mantido ao abrigo da luz solar transformado em pó	Ajuste do pH com 1 ml de NaoH ou 1 ml de HCL a temperatura ambiente. A remoção (%) aumentou com o aumento	0,2 g do bio adsorvente pode remover 84% dos nitratos	Maheswari et.al 2013

		manualmente até um tamanho específico das partículas.	do pH a partir de 210 devido à interação electrodestática entre os adsorventes.		
3	Parthenium	A recolha de amostras foi efectuada com base na saúde da planta através de observações visuais. As plantas jovens com rebentos verdes frescos e foram selecionados troncos com uma espessura considerável.	Secar numa estufa a 50 graus C durante dois dias. A secagem foi seguida de uma trituração cuidadosa do provete e da peneiração da mistura através de um peneiro de 500 mícrones	A utilização de biomassa vegetal de Parthenium, pode ser alcançada uma remoção de cloreto de 3034%.	Cleserl S. L., Greenberg E. A., Eaton D.A. (1999)

CAPÍTULO 3

MATERIAIS E MÉTODOS

3. Geral:

Este capítulo inclui produtos químicos, meios e processos aplicados na preparação do biossorvente para adsorção de ferro, cloretos, amoníaco, fluoretos, dureza, fósforo, sulfatos e nitratos em laboratório. O estudo experimental relacionado com a medição de ferro, cloretos, amoníaco, fluoretos, dureza, fósforo, sulfatos e nitratos na água potável requer instrumentação e instalações dispendiosas e sofisticadas. Este estudo envolveu a utilização de um grande número de reagentes químicos e instrumentos disponíveis no Laboratório de Engenharia Ambiental, Departamento de Engenharia Civil, GEC.

3.1 Material biossorvente:

Nas últimas décadas, o influxo de metais pesados nos ecossistemas aquáticos da Índia tem suscitado grande preocupação. Em resposta, tem sido dada uma ênfase crescente ao desenvolvimento de novas tecnologias para resolver este problema, com especial destaque para a biossorção. A biossorção baseia-se nas capacidades naturais de ligação a metais de vários materiais biológicos. Este processo envolve duas fases fundamentais: uma fase sólida, representada pelo biossorvente ou sorvente (material biológico), e uma fase líquida, normalmente água contendo iões metálicos dissolvidos a remover. Através de uma variedade de mecanismos, o adsorvente apresenta uma maior afinidade pelos iões metálicos, atraindo-os e ligando-os eficazmente. A biossorção, portanto, pode ser descrita como a capacidade dos materiais biológicos de acumular metais pesados de águas residuais, utilizando vias metabolicamente mediadas ou físico-químicas para a absorção. Na nossa abordagem experimental, utilizámos cinco adsorventes diferentes para remover eficazmente os metais pesados da água, visando particularmente as águas residuais industriais conhecidas pelo seu elevado teor de metais.

Biossorventes de cascas de romã:

A romã (Punica granatum) é outro fruto abundante na Índia, conhecido pelos seus vibrantes arilos vermelho-rubi envoltos numa pele exterior resistente. As cascas da romã, tal como as das laranjas e de outros citrinos, constituem um subproduto importante na indústria de transformação de frutos. Constituídas principalmente por casca e polpa residual, as cascas de romã apresentam uma composição rica em celulose, hemiceluloses, lenhina, pectina e vários compostos de baixo peso molecular. Os componentes predominantes das cascas de romã incluem a pectina, a celulose e as hemiceluloses, juntamente com pequenas quantidades de lípidos, compostos azotados e teor de cinzas. As substâncias pécticas, semelhantes às das cascas de laranja, estão presentes de forma proeminente nas paredes celulares das cascas de romã, contribuindo para as suas propriedades de adsorção. A investigação indica que as cascas de romã possuem um potencial significativo como biossorventes em processos de adsorção. A sua utilização em estudos de adsorção, particularmente no que diz respeito à cinética de adsorção de substâncias como o nitrato e o amoníaco, demonstra a eficácia dos biossorventes derivados da casca da romã em aplicações de remediação ambiental e gestão de resíduos.

Fig:3.1: Biossorventes de casca de romã

Biossorventes de cascas de mosambi:

O mosambi (Citrus limetta) é um citrino amplamente cultivado na Índia, valorizado pelo seu sabor refrescante e elevado teor nutricional. Tal como os resíduos de laranja, os resíduos de mosambi são um subproduto comum da indústria de transformação de frutos, frequentemente utilizado como alimento para animais. Constituídas principalmente por casca e polpa, as cascas de mosambi apresentam uma composição semelhante à de outros citrinos, contendo celulose, pectina (ácido galacturónico), hemiceluloses, lenhina e vários compostos de baixo peso molecular, como o limoneno. A pectina, a celulose e as hemiceluloses são os componentes predominantes das cascas de mosambi, juntamente com lípidos, compostos azotados e um teor nominal de cinzas. As substâncias pécticas são identificadas como os principais polissacáridos presentes nas paredes celulares das cascas de mosambi, contribuindo para as suas propriedades de adsorção. Tal como as cascas de laranja, as cascas de mosambi têm sido reconhecidas na literatura como resíduos agro-industriais com capacidades de adsorção, tornando-as candidatas adequadas para aplicações em processos de adsorção. Mais investigação explorando o potencial dos biossorventes derivados da casca de mosambi no estudo da cinética de adsorção de várias substâncias, incluindo nitrato e amoníaco, pode fornecer informações valiosas sobre a sua eficácia para a remediação ambiental e práticas de gestão de resíduos.

Fig; 3.2: Biossorventes de casca de Mosambi

Biossorventes de cascas de banana:

As cascas de banana são um resíduo agrícola omnipresente, abundante nas regiões tropicais, incluindo a Índia, onde as bananas são um fruto básico. Estas cascas, muitas vezes descartadas como resíduos, possuem propriedades valiosas que têm atraído a atenção para as suas potenciais aplicações. Constituídas principalmente por celulose, hemiceluloses, lenhina e pectina, as cascas de banana contêm também vários compostos de baixo peso molecular e nutrientes como o potássio, o fósforo e o azoto. A pectina e a celulose são os componentes dominantes das cascas de banana, contribuindo para a sua integridade estrutural e capacidade de adsorção. Estudos demonstraram que as cascas de banana apresentam um potencial de adsorção significativo devido à sua estrutura porosa e à presença de grupos funcionais como os grupos hidroxilo e carboxilo. Este facto levou à sua utilização em vários processos de adsorção, incluindo a remoção de metais pesados, poluentes orgânicos e corantes de águas residuais. Além disso, a utilização de biossorventes derivados de cascas de banana no estudo da cinética de adsorção, à semelhança das cascas de laranja na investigação supramencionada, é promissora para os esforços de remediação ambiental.

Ao aproveitar as propriedades de adsorção da casca de banana, os investigadores pretendem desenvolver soluções sustentáveis para a gestão de resíduos e o controlo da poluição.

Fig:3.3: Biossorventes de casca de banana

Biossorventes de cascas de melão:

O melão (Cucumis melo) é um fruto popular na Índia, conhecido pela sua polpa doce e aromática. Tal como muitos outros frutos, os melões deixam para trás resíduos agrícolas significativos, nomeadamente as suas cascas, após a transformação. Estas cascas, muitas vezes negligenciadas e deitadas fora, possuem propriedades inerentes que as tornam valiosas para várias aplicações. Composta principalmente por celulose, pectina, hemiceluloses, lignina e outros compostos bioactivos, a casca do melão apresenta uma composição semelhante à de outros resíduos de fruta. A pectina, a celulose e as hemiceluloses estão entre os componentes dominantes das cascas de melão, conferindo integridade estrutural e potenciais capacidades de adsorção. Embora a investigação especificamente centrada nos biossorventes derivados da casca de melão possa ser limitada, os estudos sobre outros materiais derivados da casca de frutos sugerem potenciais aplicações em processos de adsorção. Com a sua estrutura porosa e grupos funcionais, as cascas de melão são promissoras para adsorver várias substâncias, incluindo potencialmente poluentes como o nitrato e o amoníaco. Uma exploração mais aprofundada dos biossorventes derivados da casca de melão poderá revelar a sua eficácia na remediação ambiental e na gestão de resíduos, contribuindo para soluções sustentáveis na agricultura e na indústria.

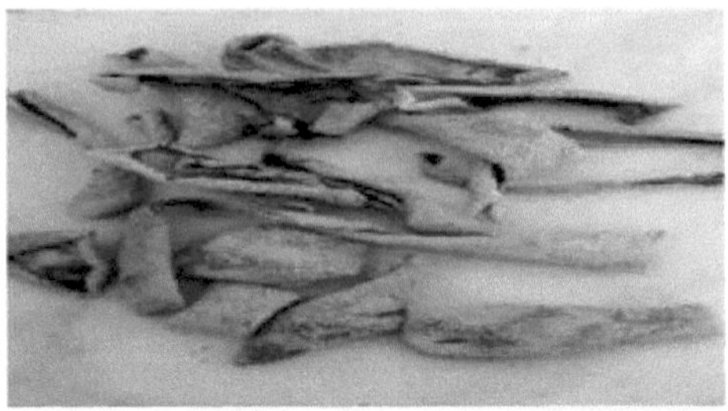

Fig:3.4: **Biossorventes de casca de melão**

Biossorventes de casca de arroz:

A casca de arroz é um subproduto agrícola versátil, produzido em abundância em regiões como a Índia, devido ao cultivo extensivo de arroz. Constituída pela camada exterior dos grãos de arroz, a casca de arroz é rica em celulose, hemiceluloses, lenhina e sílica, juntamente com vários outros compostos orgânicos e inorgânicos. A celulose e as hemiceluloses são os componentes predominantes da casca de arroz, contribuindo para a sua estrutura fibrosa e potenciais aplicações em várias indústrias. Além disso, a presença de sílica confere à casca de arroz propriedades únicas, tornando-a resistente à decomposição e ao calor. Devido à sua abundante disponibilidade e composição, a casca de arroz tem sido explorada para numerosas aplicações, incluindo a produção de energia, materiais de construção e remediação ambiental. Nos últimos anos, a casca de arroz tem ganho atenção como um biossorvente promissor para a remoção de poluentes da água e das águas residuais devido à sua elevada área de superfície e capacidade de adsorção. Estudos demonstraram a sua eficácia na adsorção de vários contaminantes, tais como metais pesados, poluentes orgânicos e corantes. Por conseguinte, a casca de arroz é um excelente exemplo de utilização de resíduos agrícolas para soluções sustentáveis na gestão de resíduos e na proteção do ambiente.

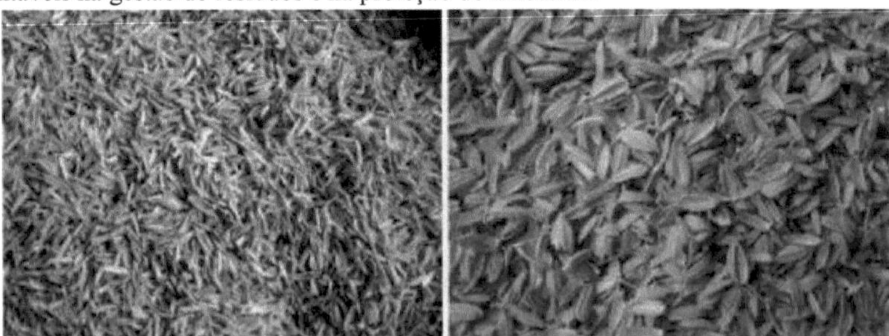

Fig. 3.5: Biossorventes de casca de arroz

3.2 Preparação de biossorventes:

1. A preparação de bioadsorventes a partir de resíduos sólidos é um processo simples que visa reutilizar resíduos agrícolas ou do processamento de alimentos em instrumentos eficazes para a purificação da água. Inicialmente, os bioadsorventes selecionados, como a romã, o mosambi, o melão, as cascas de banana e a casca de arroz, são recolhidos e cuidadosamente lavados com água destilada para remover quaisquer impurezas.
2. Subsequentemente, estes bioadsorventes são submetidos a um processo de secagem sob a

luz solar até que todo o excesso de humidade se evapore, tornando-os secos e prontos para processamento posterior. Os bioadsorventes secos são então finamente moídos em partículas de pó utilizando um moinho elétrico, garantindo uniformidade e facilitando a sua eficácia em aplicações subsequentes.

3. Estes bioadsorventes em pó servem como agentes primários para avaliar a sua capacidade de remover nitratos e amoníaco da água. Através de testes sistemáticos, a eficiência de cada bioadsorvente na remoção destes contaminantes é avaliada, fornecendo informações valiosas sobre a sua adequação para fins de tratamento de água. Após os testes, os bioadsorventes em pó são armazenados em recipientes de plástico para manter a sua integridade para futuras análises ou aplicações de biossorção.

4. Além disso, a estabilidade dos adsorventes carregados ou usados é monitorizada durante todo o processo de adsorção, garantindo a sua eficácia e fiabilidade nos esforços de purificação da água a longo prazo. Em geral, a preparação de bioadsorventes a partir de resíduos sólidos oferece uma abordagem sustentável e ecológica para mitigar a poluição da água e promover a gestão ambiental.

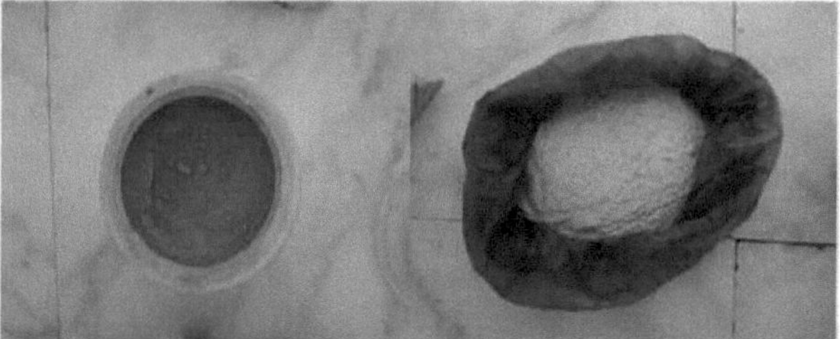

Pó de casca de romã Pó de casca de Mosambi

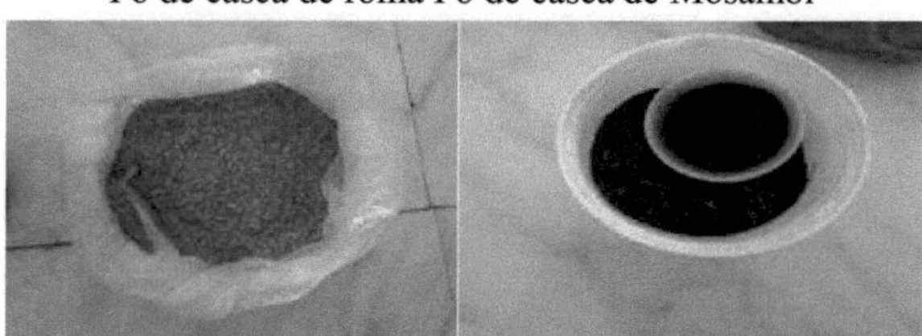

Casca de arroz Pó de casca de banana

Pó de casca de melão

Fig:3.6: Pós de casca

O pó triturado foi peneirado para obter as partículas finas. Os materiais recolhidos foram lavados com água pura várias vezes para remover todas as poeiras e materiais finos. O processo de lavagem foi repetido até que a cor da água de lavagem fosse transparente. Cada biossorvente tem propriedades físicas, químicas e biológicas diferentes para a adsorção de nitratos e amoníaco da água. Alguns tipos de biossorventes são de largo espetro, ligando e recolhendo a maioria dos metais pesados.

3.3 PROCEDIMENTO DE ADIÇÃO DE BIOSSORVENTE EM ÁGUA:

1. Os materiais biossorventes em pó devem ser adicionados à água para efetuar o ensaio de cloretos.
2. Para o ensaio dos cloretos, toma-se um balão volumétrico de 1 litro de capacidade e faz-se uma solução com a ajuda de cloreto de amónio, ou seja, a concentração de cloreto é de 1mg/litro.
3. A água é recolhida no laboratório de engenharia da água, na faculdade de engenharia de gudlavalleru, em gudlavalleru, que se situa no distrito de Krishna, em Andhra Pradesh.
4. A solução é dividida em seis partes iguais de 150 ml em cada copo e, em seguida, o material biossorvente é adicionado sob a forma de 1gm, 2gm, 3gm, 4gm, 5gm e 6gm em seis copos, respetivamente.
5. Em seguida, os copos são colocados num agitador rotativo pesado durante uma hora e meia e a solução é filtrada com a ajuda de papéis de filtro para um frasco cónico.

3.4 MATERIAIS E MÉTODOS:

CLORETO:

A água contaminada com cloreto e o material biossorvente são colocados num agitador rotativo pesado durante um período de uma hora e meia. Após a mistura, a solução é filtrada com a ajuda de papel de filtro. A solução filtrada é então colocada num copo separado. Colocar 20 ml de amostra num frasco cónico. Adicionar 1 ml de cromato de potássio ao erlenmeyer. Encher a bureta com a solução de nitrato de prata. Titular a amostra com o nitrato de prata. Titular até que a cor amarela se transforme em vermelho-tijolo. Repetir o processo até obter duas leituras consecutivas A quantidade de cloretos é obtida pela seguinte fórmula ***Cloretos (mg/L) = ((volume de AgN03 x 35,46 x normalidade x 1000))/(volume da amostra colhida)***

Fig 3.7 Ensaio de cloretos Amostras no agitador

Fig 3.8 Agitador rotativo Fig 3.9 Filtração

Fig:3.10: Titulação

MÉTODO DE CONTROLO DOS NITRATOS:

Adicionar uma pitada de reagente para nitratos - 1 (NA-1) e agitar a solução durante 5 minutos. Colocar 10 ml de amostra de água no tubo de ensaio. Deixar repousar durante alguns minutos e decantar a solução sobrenadante (cerca de 5 ml) para outro tubo de ensaio. De seguida, adicionar 3 gotas de reagente de nitrato -2 (NA-2) à solução sobrenadante e misturar bem. Aguardar 5 minutos, agitando ocasionalmente. A cor final formada é comparada com a tabela de cores do nitrato e regista-se o valor do nitrato.

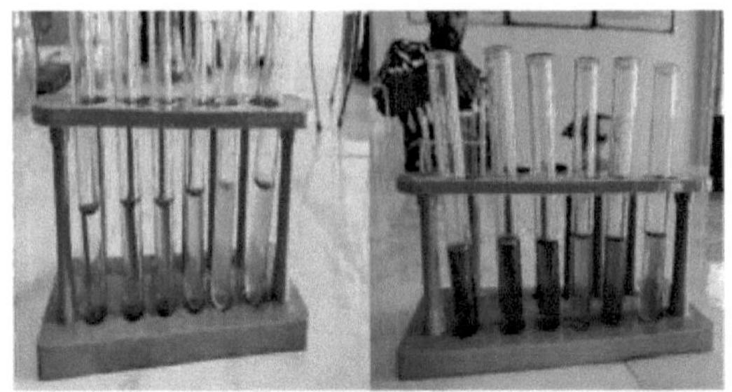

Fig:3.11: **Amostras de teste de nitrato**

MÉTODO DE ENSAIO DO AMONÍACO:

Colocar 5 ml de amostra de água no tubo de ensaio. Adicionar 5 gotas de reagente de amónio-1 (NH-1) e misturar bem. A cor que se forma é imediatamente comparada com a tabela de cores do amónio e regista-se o valor do amónio.

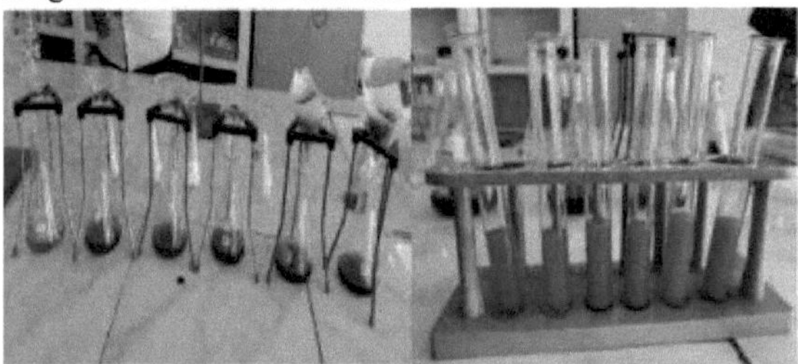

Fig:3.12: Amostras de ensaio de amoníaco

MÉTODO DE ENSAIO DOS FLUORETOS:

Tomar 1200 ml de água destilada e adicionar 1,2 g de fluoreto de sódio, misturando bem. Encher cuidadosamente 6 frascos cónicos com 200 ml de solução de fluoreto. Pesar o bio sorvente 1g,2g,3g,4g,5g,6g e adicionar aos 6 frascos cónicos. Colocá-los no agitador mecânico durante uma hora e meia com velocidade mínima. Após uma hora e meia, deixar repousar durante 10 minutos. De seguida, colocar 5 ml da solução acima referida no tubo de ensaio.

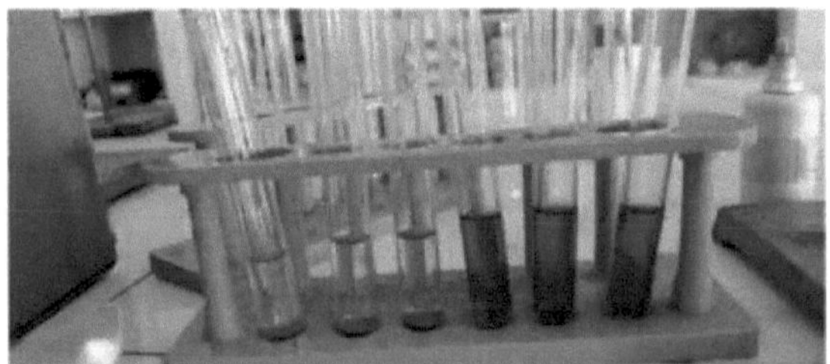

Fig:3.13: Amostras de ensaio de fluoretos

MÉTODO DE ENSAIO DE DUREZA:

O carbonato de cálcio de 10 gramas é misturado em 11 gramas de água destilada. Se a quantidade de dureza presente na água exceder as normas de qualidade da água, tal como previsto, será efectuada a remoção da dureza utilizando várias cascas de frutos e flores em pó.

Para o teste de dureza, a água de mistura de carbonato de cálcio IL é vertida em 6 frascos cónicos com 150ml por cada frasco, o material biossorvente é adicionado a cada frasco numa ordem crescente de 100 mg a 600 mg O carbonato de cálcio foi misturado em água destilada de 10g por 1000ml de água A amostra foi recolhida em seis frascos cónicos. Cada frasco contém 150 ml. O pó biossorvente foi adicionado ao carbonato de cálcio contendo água em 150 ml de amostra de água, esta amostra foi mantida num agitador horizontal durante uma hora e meia. Agora, os frascos são retirados do agitador e, em seguida, filtradas as amostras de água nos frascos utilizando papel de filtro Whatman. Estas amostras foram testadas quanto à dureza presente na água contaminada através do teste de dureza.

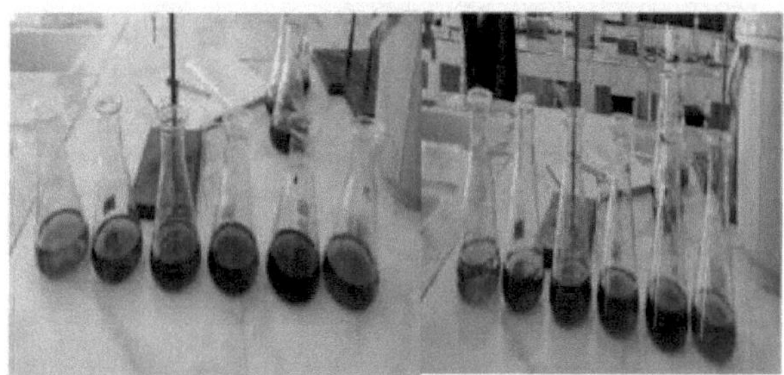

Fig :3.14: Amostras de teste de dureza

MÉTODO DE ENSAIO DOS SULFATOS:

Colocar 125 ml de amostra num copo de 400 ml. Adicionar 5 ml de cloreto de hidroxilamina e, em seguida, 10 ml de cloridrato de benzidina. Agitar vigorosamente a mistura e deixar depositar o precipitado. Filtrar a solução e lavar o copo e o papel de filtro com água destilada fria. Perfurar o papel de filtro no funil e lavar o precipitado formado no papel de filtro para o copo original com 100 a 150 ml de água destilada. Aquecer o copo para dissolver o conteúdo durante 20 a 30 minutos. Adicionar 2 gotas de indicador de fenolftale e titular com NaOH 0,05N até ao desenvolvimento da cor rosa.

Fig :3.15: Amostras de teste de sulfato

MÉTODO DE ENSAIO DO FERRO:

Colocar 5 ml de amostra de água no tubo de ensaio. Adicionar 5 gotas de reagente de ferro-1 (Fe-1) e 1 gota de reagente de ferro-2 (Fe-2). Misturar e adicionar 5 gotas de reagente de ferro-3 (Fe-2). Misturar o conteúdo e esperar 2-3 minutos para que a cor se desenvolva. A cor que se forma é comparada com a da tabela de cores e regista-se o valor do ferro.

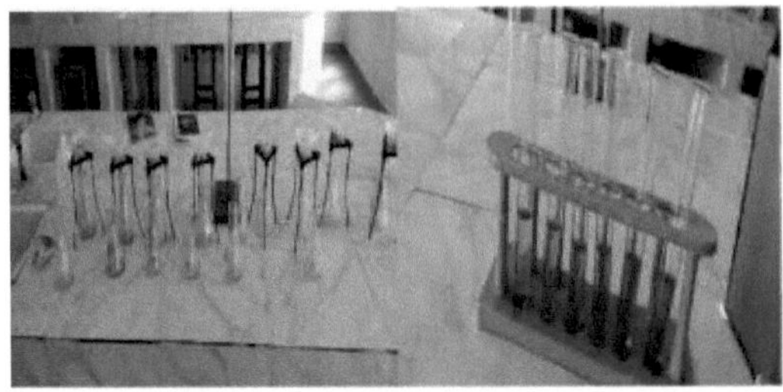

Fig:3.16: Amostras de

MÉTODO DE ENSAIO DE FOSFATOS:

Colocar 5 ml de amostra de água no tubo de ensaio. Adicionar 5 gotas de reagente para fosfatos-1 (PR-1) e 1 gota de reagente para fosfatos-2 (PR-2). Misturar o conteúdo e esperar 2-3 minutos para que a cor se desenvolva. A cor formada é comparada com a tabela de cores dos fosfatos e regista-se o valor de fosfato.

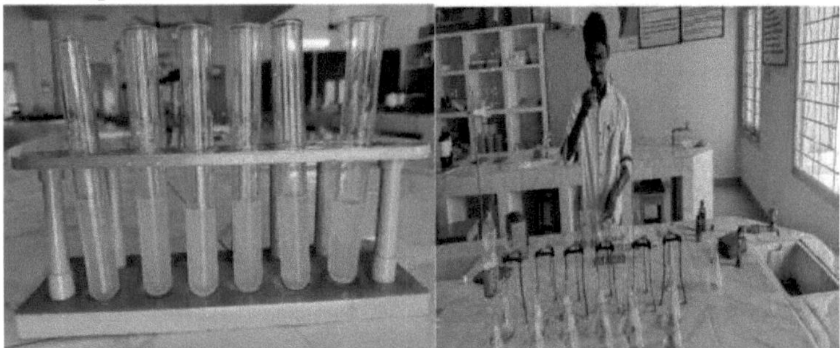

Fig:3.17: Amostras de fosfato

3.5 PROCEDIMENTO PARA OS MÉTODOS DE ENSAIO DOS PARÂMETROS:

Procedimento para a remoção de fluoretos, ferro e fosfato:

O objetivo deste trabalho de investigação é determinar simultaneamente as diferenças na adsorção de FLOUROS, FERRO e FOSFATO por diferentes tipos de cinco biossorventes através da otimização das condições de biossorção utilizando a metodologia de superfície de resposta. Após a preparação de biossorventes adequados, foi aplicado um procedimento adequado para o período de contacto apropriado entre a água contaminada com nitrato e amoníaco e a dosagem de biossorvente. Inicialmente, o desempenho da sorção foi rápido e atingiu o equilíbrio.

Necessidade de aparelhos no processo de biossorção:

1. Frasco cónico de vidro de 250 ml
2. Proveta graduada de 100 ml
3. Agitador de banho-maria
4. Máquina de pesagem
5. Máquina de agitação

6. Papel de filtro
7. Medidor de pH digital
8. Kit de teste FLOURIDES
9. Kit de teste de ferro.

TESTE DOS FLUORETOS:

1. Tomar 1200 ml de água destilada e adicionar 1,2 g de fluoreto de sódio, misturando bem.
2. Encher cuidadosamente 6 frascos cónicos com 200 ml de solução de fluoreto.
3. Pesar o bio sorvente 1g,2g,3g,4g,5g,6g e adicionar aos 6 frascos cónicos.
4. Colocá-los no agitador mecânico durante uma hora e meia, à velocidade mínima.
5. Depois de um ano e meio, manteve um lado para liquidação durante 10 minutos.
6. De seguida, colocar 5 ml da solução acima referida no tubo de ensaio.

TESTE DE FERRO:

1. Colocar 5 ml de amostra de água no tubo de ensaio.
2. Adicionar 5 gotas de reagente de ferro-1 (Fe-1) e 1 gota de reagente de ferro-2 (Fe-2).
3. Misturar e adicionar 5 gotas de reagente de ferro-3 (Fe-2). Misturar o conteúdo e esperar 2-3 minutos para que a cor se desenvolva.
4. Comparar a cor da forma com a da tabela de cores e registar o valor do ferro.

ENSAIO DE FOSFATOS:

1. Colocar 5 ml de amostra de água no tubo de ensaio. Adicionar 5 gotas de reagente para fosfatos-1 (PR-1) e 1 gota de reagente para fosfatos-2 (PR-2).
2. Misturar o conteúdo e esperar 2-3 minutos para que a cor se desenvolva.
3. A cor que se forma é comparada com a tabela de cores dos fosfatos e regista-se o valor de fosfato.

3.6 Processo de adição de bio adsorventes em água:

1. O procedimento experimental envolveu a recolha de um litro de amostra de água e a adição de 1 mg/litro de amoníaco e nitrato, dividindo-o depois em cinco partes iguais de soluções de 100 ml.
2. Cada solução foi tratada com diferentes quantidades de bioadsorvente: 1 gm, 2 gm, 3 gm, 4 gm, e 5 gm.
3. Estas soluções foram depois colocadas num rotador horizontal durante duas horas e subsequentemente filtradas até a solução ficar livre de partículas de bioadsorvente.
4. Em seguida, foram efectuados testes para identificar os níveis remanescentes de FLUORETOS, FERRO e FOSFATO nas amostras de água tratada.
5. As percentagens de remoção de FLÓRIDOS, FERRO E FOSFATO foram calculadas comparando os níveis pós-tratamento com as concentrações iniciais antes da adição de bioadsorventes.
6. Uma vez identificadas as percentagens de remoção, o projeto prosseguiu com os esforços de otimização. Esta otimização envolveu a variação de parâmetros como a temperatura, a velocidade de rotação e o pH para determinar o seu impacto nas percentagens de remoção de FLÓRIDOS, FERRO E FOSFATO.

Amostras testadas para fluoretos, ferro e fosfato:

O procedimento de teste para o amoníaco e o nitrato envolve a medição dos seus níveis com base na cor da amostra. A cor da amostra é comparada com uma tabela de nitratos e amoníaco para determinar as concentrações presentes. Posteriormente, as concentrações medidas são comparadas com as concentrações iniciais para calcular a percentagem de remoção. Assim, as amostras são avaliadas com base na sua cor para determinar os níveis de amoníaco e nitrato presentes.

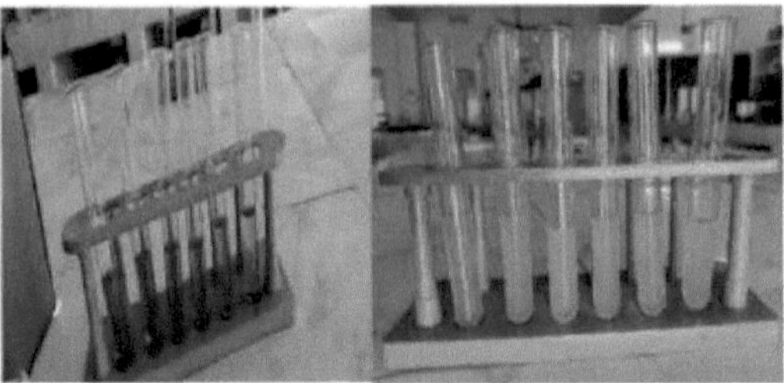

AMOSTRAS DE FERROAMOSTRAS DE FÓSFORO

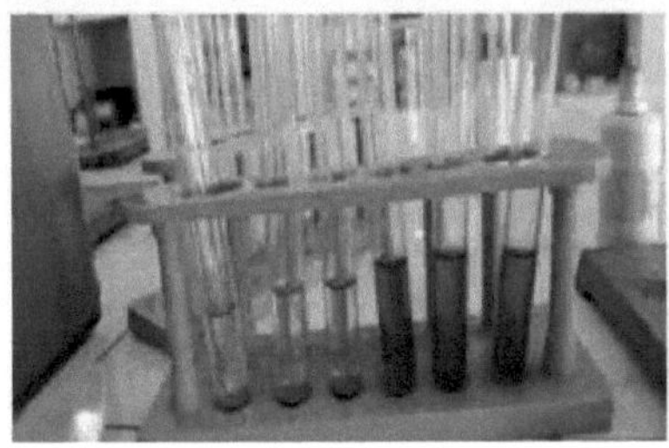

AMOSTRAS DE FLUORETO

Fig. 3.18: Amostras de resultados de testes de ferro, fósforo e fluoretos

O controlo do pH afecta a natureza da carga superficial do adsorvente na interface com a água e a especiação do sorbato na água. Além disso, um aumento das forças mecânicas pode perturbar a forma elaborada da molécula da enzima do biossorvente, de tal modo que ocorre a desnaturação, comprometendo a sua função protetora.

CAPÍTULO 4

RESULTADOS

4 Geral:

Os resultados apresentados neste capítulo destacam a eficácia do biossorvente na remoção de cloretos, fluoretos fosporosos e ferro da água em diversas condições. Inicialmente, a concentração do metal foi determinada com base na obtenção da máxima eficiência de remoção para ambos os poluentes. Posteriormente, a remoção de cloretos, fluoretos fosporosos e ferro foi avaliada para diversas outras variáveis, utilizando as concentrações fixas como pontos de referência. Observou-se que o biossorvente apresentou capacidades promissoras na mitigação natural dos níveis de cloretos, fluoretos fosforosos e ferro na água.

4.1 ELIMINAÇÃO DE CLORETOS, AMONÍACO, FERRO, FLUORETOS, SULFATOS, NITRATOS, DUREZA, FOSFATOS

CLORIDES:

Esta é a comparação entre todos os tipos de biossorventes para que possamos compreender facilmente. Quais os biossorventes que removeram os cloretos; este gráfico de comparação é elaborado com base em todos os resultados. Os biossorventes de pó de casca de romã mostraram o melhor resultado na remoção de cloretos após a adição de 6gm. Os pós de casca de mosambi e de melão utilizados são também bons biossorventes de sulfatos. Em comparação com a casca de arroz e a casca de banana, são menos eficazes, mas também são bons agentes para remover metais pesados. O gráfico mostra a percentagem de remoção de cloretos com diferentes dosagens de biossorventes. Os pós de casca de romã são adicionados em diferentes dosagens para conhecer a quantidade necessária para remover os cloretos. Os biossorventes de romã apresentaram os melhores resultados, com 95% de remoção de cloretos após a adição de 6 gm.

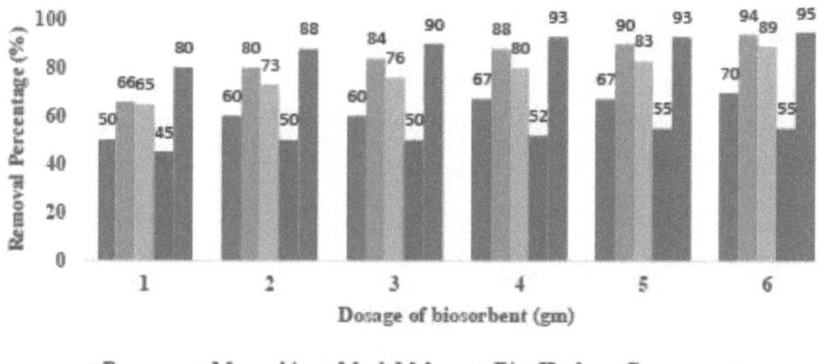

Banana ■ Melão Mosambi ■ Casca de arroz ■ Pomogranato

Fig. 4.1: Percentagens de remoção de cloretos

Tabela no:4.1: valores de remoção de cloretos

Dosagem do biossorvente	Banana	Mosambi	Melão almiscarado	Casca de arroz	Romã
1	50	66	65	45	80
2	60	80	73	50	88
3	60	84	76	50	90
4	67	88	80	52	93
5	67	90	83	55	93

6	70	94	89	55	95

A partir dos resultados do gráfico, observamos que a percentagem de remoção de cloretos utilizando o biossorvente de romã é de 80% para 1gm, 88% para 2gm, 90% para 3gm, 93% para 4gm, 93% para 5gm, 95% para 6gm. A percentagem de remoção de cloretos com o biossorvente mosambi é de 66% para 1 g, 80% para 2 g, 84% para 3 g, 88% para 4 g, 90% para 5 g e 94% para 6 g. A percentagem de remoção de cloretos com o biossorvente de melão Musk é de 65% para 1 g, 73% para 2 g, 76% para 3 g, 80% para 4 g, 83% para 5 g, 89% para 6 g. A percentagem de remoção de cloretos com biossorvente de banana é de 50% para 1 g, 60% para 2 g, 60% para 3 g, 67% para 4 g, 67% para 5 g e 70% para 6 g. A percentagem de remoção de cloretos com o biossorvente de casca de arroz é de 45% para 1 g, 50% para 2 g, 50% para 3 g, 52% para 4 g, 55% para 5 g e 55% para 6 g.

O gráfico mostra a percentagem de remoção de cloretos com diferentes dosagens de biossorventes. A ordem da percentagem de remoção de cloretos para cinco biossorventes diferentes foi encontrada como pó de casca de romã > pó de casca de mosambi > casca de melão almiscarado

pó de romã > pó de casca de banana > pó de casca de arroz. O pó de casca de romã dá o melhor resultado entre todos os biossorventes.

AMÓNIA: A comparação de vários biossorventes revela a sua eficácia na remoção de amoníaco. Os biossorventes de pó de casca de Mosambi demonstraram um desempenho superior na remoção de amoníaco, particularmente nas doses de 5g e 6g. Além disso, os pós de casca de arroz e de casca de romã mostraram uma eficácia notável a este respeito. Apesar de não serem tão eficazes como o pó de casca de Mosambi, revelaram-se, ainda assim, biossorventes proficientes na remoção de amoníaco. Curiosamente, a casca de arroz e a casca de banana, embora ligeiramente menos eficazes na remoção do amoníaco, são agentes competentes na eliminação de metais pesados. O gráfico ilustra a percentagem de remoção de amoníaco em diferentes dosagens de biossorventes, com o pó de casca de Mosambi testado em várias quantidades para determinar a quantidade ideal necessária para uma remoção eficaz de amoníaco. Nomeadamente, os biossorventes de romã apresentaram resultados notáveis com uma taxa de remoção de 96% após a adição de 5g e 6g.

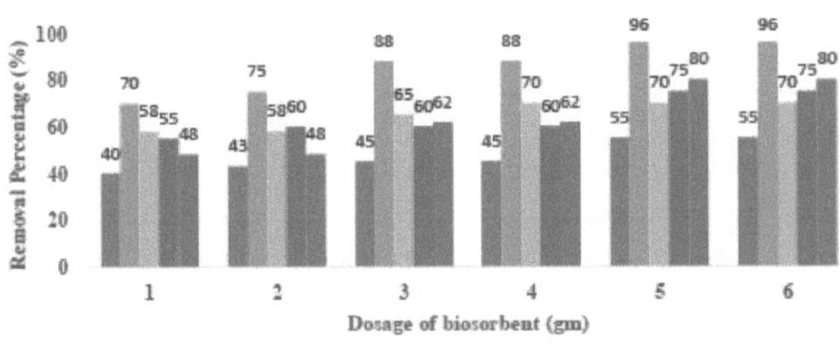

■ Banana ■ Mosambi ■ Musk Melon ■ Rice Husk ■ Pomogranate

Banana ■ Melão Mosambi ■ Casca de arroz ■ Pomogranato

Fig no:4.2: Percentagens de remoção de amoníaco

Tabela no:4.2: Valores de remoção de amoníaco

Dosagem do	**Banana**	**Mosambi**	**Melão**	**Casca de**	**Romã**

biossorvente			almiscarado	arroz	
1	40	70	58	55	48
2	43	75	58	60	48
3	45	88	65	60	62
4	45	88	70	60	62
5	55	96	70	75	80
6	55	96	70	75	80

A partir dos resultados do gráfico, observamos que a percentagem de remoção de cloretos utilizando o biossorvente Mosambi é de 70% para 1gm, 75% para 2gm, 88% para 3gm, 88% para 4gm, 96% para 5gm, 96% para 6gm. A percentagem de remoção de cloretos com o biossorvente Pomegranate é de 48% para 1gm, 48% para 2gm, 62% para 3gm, 62% para 4gm, 80% para 5gm, 80% para 6gm. A percentagem de remoção de cloretos com o biossorvente de casca de arroz é de 55% para 1 g, 60% para 2 g, 60% para 3 g, 60% para 4 g, 75% para 5 g e 75% para 6 g. A percentagem de remoção de cloretos com o biossorvente de melão almiscarado é de 58% para 1 g, 68% para 2 g, 65% para 3 g, 70% para 4 g, 70% para 5 g e 70% para 6 g. A percentagem de remoção de cloretos com o biossorvente Banana é de 40% para 1gm, 43% para 2gm, 45% para 3gm, 45% para 4gm, 55% para 5gm, 55% para 6gm.

O gráfico mostra a percentagem de remoção de cloretos com diferentes dosagens de biossorventes. A ordem da percentagem de remoção de cloretos para cinco biossorventes diferentes foi encontrada como pó de casca de mosambi > pó de casca de romã > pó de casca de melão com casca de arroz > pó de casca de melão almiscarado > pó de casca de banana.

O pó de casca de Mosambi dá o melhor resultado entre todos os biossorventes.

FERRO:

Esta é a comparação entre todos os tipos de biossorventes para que possamos compreender facilmente. Quais os biossorventes que removeram o ferro; este gráfico de comparação é elaborado com base em todos os resultados. Os biossorventes de pó de casca de arroz mostraram que o melhor resultado na remoção de cloretos após a adição de 6gm. Os pós de casca de mosambi e de romã utilizados são também bons biossorventes de sulfatos. Em comparação com as cascas de melão e de banana, são menos eficazes, mas também são bons agentes para remover metais pesados. O gráfico mostra a percentagem de remoção de ferro com diferentes dosagens de biossorventes. Os pós de casca de arroz são adicionados em diferentes dosagens para conhecer a quantidade necessária para remover o ferro. Os biossorventes de casca de arroz apresentaram os melhores resultados, com 97% de remoção de cloretos após a adição de 5gm e 6 gm.

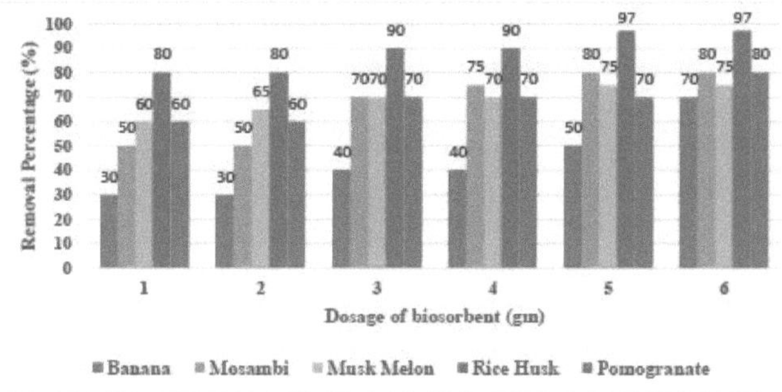

Banana ■ Melão Mosambi ■ Casca de arroz ■ Pomogranato

Fig no:4.3: Percentagens de remoção de ferro

Tabela no:4.3: Valores de remoção de ferro

Dosagem do biossorvente	Banana	Mosambi	Almíscar Melão	Casca de arroz	Romã
1	30	50	60	80	60
2	30	50	65	80	60
3	40	70	70	90	70
4	40	75	70	90	70
5	50	80	75	97	70
6	70	80	75	97	80

A partir dos resultados do gráfico, observamos que a percentagem de remoção de cloretos utilizando o biossorvente de casca de arroz é de 80% para 1gm, 80% para 2gm, 90% para 3gm, 90% para 4gm, 97% para 5gm, 97% para 6gm. A percentagem de remoção de cloretos com o biossorvente de romã é de 60% para 1gm, 60% para 2gm, 70% para 3gm, 70% para 4gm, 70% para 5gm, 80% para 6gm. A percentagem de remoção de cloretos com o biossorvente Mosambi é de 50% para 1 g, 50% para 2 g, 70% para 3 g, 75% para 4 g, 80% para 5 g e 80% para 6 g. A percentagem de remoção de cloretos com o biossorvente de melão almiscarado é de 60% para 1 g, 65% para 2 g, 70% para 3 g, 70% para 4 g, 75% para 5 g e 75% para 6 g. A percentagem de remoção de cloretos com o biossorvente Banana é de 30% para 1gm, 30% para 2gm, 40% para 3gm, 40% para 4gm, 50% para 5gm, 70% para 6gm.

O gráfico mostra a percentagem de remoção de cloretos com diferentes dosagens de biossorventes. A ordem da percentagem de remoção de cloretos para cinco biossorventes diferentes foi encontrada como Pó de casca de arroz > Pó de casca de romã > Pó de casca de melão Mosambi > Pó de casca de melão Musk > Pó de casca de banana.

O pó de casca de arroz dá o melhor resultado entre todos os biossorventes.

FLUORÍDEOS:

Esta é a comparação entre todos os tipos de biossorventes para que possamos compreender facilmente. Quais os biossorventes que removeram os fluoretos; este gráfico de comparação é elaborado com base em todos os resultados. Os biossorventes de pó de banana mostraram que o melhor resultado na remoção de fluoretos após a adição de 6gm. Os pós de casca de arroz e de casca de melão almiscarado utilizados são também bons biossorventes de fluoretos. Em comparação com as cascas de mosambi e de banana, são menos eficazes, mas também são bons agentes para remover metais pesados. O gráfico mostra a percentagem de remoção de ferro em diferentes dosagens de biossorventes. Aos pós de banana são adicionadas diferentes dosagens para conhecer a quantidade necessária para remover os fluoretos. Os biossorventes de banana apresentaram os melhores resultados, com 95% de remoção de cloretos após a adição de 5gm e 6 gm.

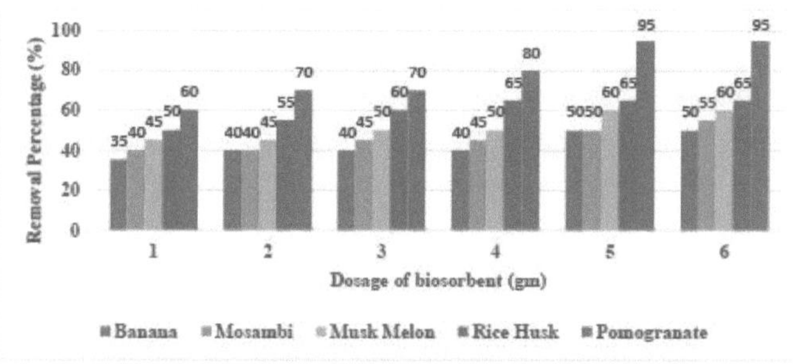

Fig. n.º 4.4: Percentagens de remoção de fluoretos

Tabela no:4.4: valores de remoção de fluoretos

Dosagem do biossorvente	Banana	Mosambi	Almíscar Melão	Casca de arroz	Romã
1	35	40	45	50	60
2	40	40	45	55	70
3	40	45	50	60	70
4	40	45	50	65	80
5	50	50	60	65	95
6	50	55	60	65	95

A partir dos resultados do gráfico, observamos que a percentagem de remoção de cloretos utilizando o biossorvente de romã é de 60% para 1gm, 70% para 2gm, 70% para 3gm, 80% para 4gm, 95% para 5gm, 95% para 6gm. A percentagem de remoção de cloretos com o biossorvente de casca de arroz é de 50% para 1 g, 55% para 2 g, 60% para 3 g, 65% para 4 g, 65% para 5 g e 65% para 6 g. A percentagem de remoção de cloretos com o biossorvente Muskmelon é de 45% para 1gm, 45% para 2gm, 50% para 3gm, 50% para 4gm, 60% para 5gm, 60% para 6gm. A percentagem de remoção de cloretos com o biossorvente Mosambi é de 40% para 1 g, 40% para 2 g, 45% para 3 g, 45% para 4 g, 50% para 5 g, 55% para 6 g. A percentagem de remoção de cloretos com o biossorvente Banana é de 35% para 1 g, 40% para 2 g, 40% para 3 g, 40% para 4 g, 50% para 5 g e 50% para 6 g.

O gráfico mostra a percentagem de remoção de cloretos com diferentes dosagens de biossorventes. A ordem da percentagem de remoção de cloretos para cinco biossorventes diferentes foi encontrada Pó de casca de romã > Pó de casca de arroz > Pó de casca de melão almiscarado > Pó de casca de Mosambi > Pó de casca de banana.

O pó de casca de romã dá o melhor resultado entre todos os biossorventes.

SULFATOS:

Esta é a comparação entre todos os tipos de biossorventes para que possamos compreender facilmente. Quais os biossorventes que removeram os sulfatos; este gráfico de comparação é elaborado com base em todos os resultados. Os biossorventes de pó de casca de melão almiscarado mostraram que o melhor resultado na remoção de sulfatos após a adição de 6gm. Os pós de casca de romã e de mosambi utilizados são também bons biossorventes de sulfatos. Em comparação com a casca de arroz e a casca de banana, são menos eficazes, mas também são bons agentes para remover metais pesados. O gráfico mostra a percentagem de remoção de ferro em diferentes dosagens de biossorventes. Ao melão almiscarado são adicionadas diferentes dosagens para conhecer a quantidade necessária para remover os sulfatos. Os biossorventes de melão almiscarado apresentaram os melhores resultados, com 70% de remoção de sulfatos após a adição de 6 gm.

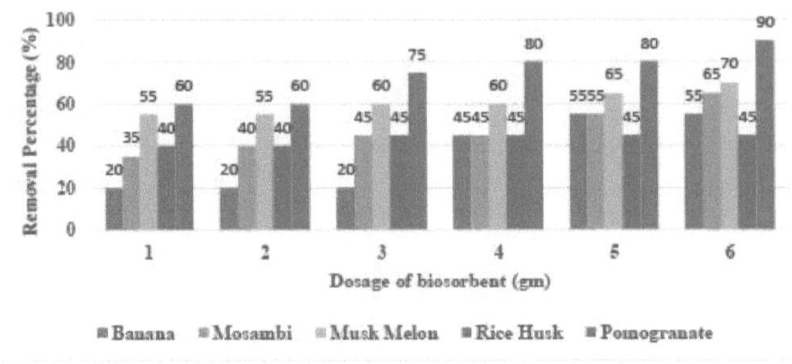

Banana ■ Melão Mosambi ■ Casca de arroz ■ Pomogranato

Fig. 4.5: Percentagens de remoção de sulfatos

Tabela no:4.5: Valores de remoção de sulfatos

Dosagem do biossorvente	Banana	Mosambi	Almíscar Melão	Casca de arroz	Romã
1	20	35	55	40	60
2	20	40	55	40	60
3	20	45	60	45	75
4	45	45	60	45	80
5	55	55	65	45	80
6	55	65	70	45	90

s

A partir dos resultados do gráfico, observamos que a percentagem de remoção de cloretos utilizando o biossorvente de romã é de 60% para 1gm, 60% para 2gm, 75% para 3gm, 80% para 4gm, 80% para 5gm, 90% para 6gm. A percentagem de remoção de cloretos com o biossorvente Muskmelon é de 55% para 1gm, 55% para 2gm, 60% para 3gm, 60% para 4gm, 65% para 5gm, 70% para 6gm. A percentagem de remoção de cloretos com o biossorvente Mosambi é de 35% para 1 g, 40% para 2 g, 45% para 3 g, 45% para 4 g, 55% para 5 g e 65% para 6 g. A percentagem de remoção de cloretos com o biossorvente Banana é de 20% para 1 g, 20% para 2 g, 20% para 3 g, 45% para 4 g, 55% para 5 g, 55% para 6 g. A percentagem de remoção de cloretos com o biossorvente de casca de arroz é de 40% para 1 g, 40% para 2 g, 45% para 3 g, 45% para 4 g, 45% para 5 g e 45% para 6 g.

O gráfico mostra a percentagem de remoção de cloretos com diferentes dosagens de biossorventes. A ordem da percentagem de remoção de cloretos para cinco biossorventes diferentes foi encontrada Pó de casca de romã > Pó de melão almiscarado > Pó de casca de Mosambi > Pó de casca de banana > Pó de casca de arroz.

O pó de casca de romã dá o melhor resultado entre todos os biossorventes.

NITRATOS:

Esta é a comparação entre todos os tipos de biossorventes para que possamos compreender facilmente. Quais os biossorventes que removeram os nitratos; este gráfico de comparação é elaborado com base em todos os resultados. Os biossorventes de pó de romã mostraram que o melhor resultado na remoção de nitratos após a adição de 6gm. Os pós de casca de banana e de mosambi utilizados são também bons biossorventes de nitratos. Em comparação com as cascas de mosambi e de banana, são menos eficazes, mas também são bons agentes para remover metais pesados. O gráfico mostra a percentagem de remoção de ferro com diferentes dosagens de biossorventes. Foram adicionadas diferentes dosagens de banana em pó para conhecer a quantidade necessária para remover os nitratos. Os biossorventes de banana apresentaram os melhores resultados, com 95% de remoção de nitratos após a adição de 6 gm.

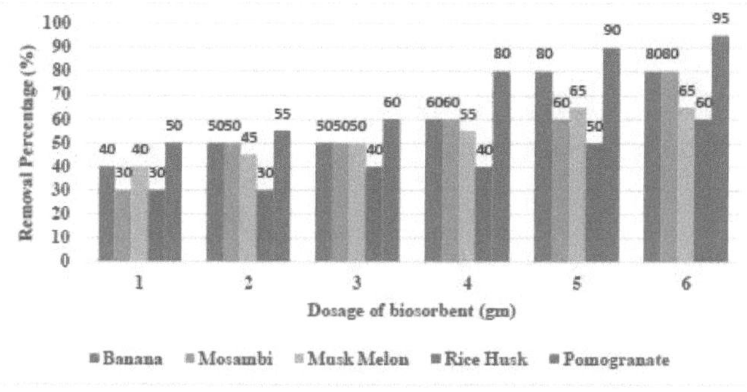

Banana ■ Melão Mosambi ■ Casca de arroz ■ Pomogranato

Fig no:4.6: Percentagens de remoção de nitratos

Tabela no:4.6: Valores de remoção de nitratos

Dosagem do biossorvente	Banana	Mosambi	Almíscar Melão	Casca de arroz	Romã
1	40	30	40	30	50
2	50	50	45	30	55
3	50	50	50	40	60
4	60	60	55	40	80
5	80	60	65	50	90
6	80	80	65	60	95

A partir dos resultados do gráfico, observamos que a percentagem de remoção de cloretos utilizando o biossorvente de romã é de 50% para 1gm, 55% para 2gm, 60% para 3gm, 80% para 4gm, 90% para 5gm, 95% para 6gm. A percentagem de remoção de cloretos com o biossorvente de banana é de 40% para 1 g, 50% para 2 g, 50% para 3 g, 60% para 4 g, 80% para 5 g e 80% para 6 g. A percentagem de remoção de cloretos com o biossorvente Mosambi é de 30% para 1gm, 50% para 2gm, 50% para 3gm, 60% para 4gm, 60% para 5gm, 80% para 6gm. A percentagem de remoção de cloretos com o biossorvente Muskmelon é de 40% para 1gm, 45% para 2gm, 50% para 3gm, 55% para 4gm, 65% para 5gm, 65% para 6gm. A percentagem de remoção de cloretos com o biossorvente de casca de arroz é de 30% para 1 g, 30% para 2 g, 40% para 3 g, 40% para 4 g, 50% para 5 g e 60% para 6 g.

O gráfico mostra a percentagem de remoção de cloretos com diferentes dosagens de biossorventes. A ordem da percentagem de remoção de cloretos para cinco biossorventes diferentes foi encontrada Pó de casca de romã > Pó de banana > Pó de casca de Mosambi > Pó de casca de melão almiscarado > Pó de casca de arroz.

O pó de casca de romã dá o melhor resultado entre todos os biossorventes.

DUREZA:

Esta é a comparação entre todos os tipos de biossorventes para que possamos compreender facilmente. Quais os biossorventes que removeram a dureza; este gráfico de comparação é elaborado com base em todos os resultados. Os biossorventes de pó de banana mostraram que o melhor resultado na remoção da dureza após a adição de 6gm. Os pós de romã e de casca de mosambi utilizados são também bons biossorventes de nitratos. Em comparação com a casca de arroz e a casca de melão, são menos eficazes, mas também são bons agentes para remover metais pesados. O gráfico mostra a percentagem de remoção da dureza com diferentes dosagens de biossorventes. Os pós de banana são adicionados em diferentes dosagens para conhecer a quantidade necessária para remover a dureza. Os biossorventes de banana apresentaram os melhores resultados, com 90% de remoção da dureza após a adição de 6 gm.

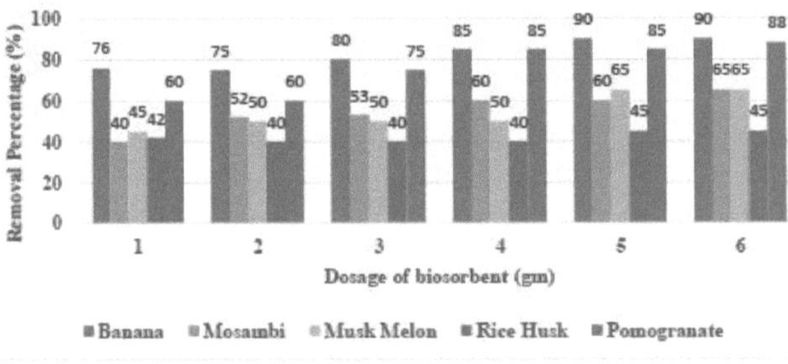

Banana ■ Melão Mosambi ■ Casca de arroz ■ Pomogranato

Fig no:4.7: Percentagens de remoção de dureza

Tabela no:4.7: Valores de remoção de dureza

Dosagem do biossorvente	Banana	Mosambi	Almíscar Melão	Casca de arroz	Romã
1	76	40	45	42	60
2	75	52	50	40	60
3	80	53	50	40	75
4	85	60	50	40	85
5	90	60	65	45	85
6	90	65	65	45	88

A partir dos resultados do gráfico, observamos que a percentagem de remoção de cloretos com o biossorvente Banana é de 76% para 1gm, 75% para 2gm, 80% para 3gm, 85% para 4gm, 90% para 5gm, 90% para 6gm. A percentagem de remoção de cloretos com o biossorvente de romã é de 60% para 1gm, 60% para 2gm, 75% para 3gm, 85% para 4gm, 85% para 5gm, 88% para 6gm. A percentagem de remoção de cloretos com o biossorvente Mosambi é de 40% para 1 g, 52% para 2 g, 53% para 3 g, 60% para 4 g, 60% para 5 g e 65% para 6 g. A percentagem de remoção de cloretos com o biossorvente Muskmelon é de 42% para 1gm, 40% para 2gm, 40% para 3gm, 40% para 4gm, 45% para 5gm, 45% para 6gm. A percentagem de remoção de cloretos com o biossorvente de casca de arroz é de 42% para 1 g, 40% para 2 g, 40% para 3 g, 40% para 4 g, 45% para 5 g e 45% para 6 g.

O gráfico mostra a percentagem de remoção de cloretos com diferentes dosagens de biossorventes. A ordem da percentagem de remoção de cloretos para cinco biossorventes diferentes foi encontrada Pó de casca de banana > Pó de casca de romã > Pó de casca de

Mosambi > Pó de casca de melão almiscarado > Pó de casca de arroz.

O pó de casca de banana dá o melhor resultado entre todos os biossorventes.

FÓSFORO:

Esta é a comparação entre todos os tipos de biossorventes para que possamos compreender facilmente. Quais os biossorventes que removeram o fosfato; este gráfico de comparação é elaborado com base em todos os resultados. Os biossorventes de pó de casca de arroz mostraram que o melhor resultado na remoção de dureza após a adição de 6gm. Os pós de casca de romã e de mosambi utilizados são também bons biossorventes de nitratos. Em comparação com as cascas de banana e de melão, são menos eficazes, mas também são bons agentes para remover metais pesados. O gráfico mostra a percentagem de remoção da dureza com diferentes dosagens de biossorventes. Os pós de casca de arroz são adicionados em diferentes dosagens para conhecer a quantidade necessária para remover a dureza. Os biossorventes de casca de arroz apresentaram os melhores resultados, com 95% de remoção da dureza após a adição de 5 gm e 6 gm.

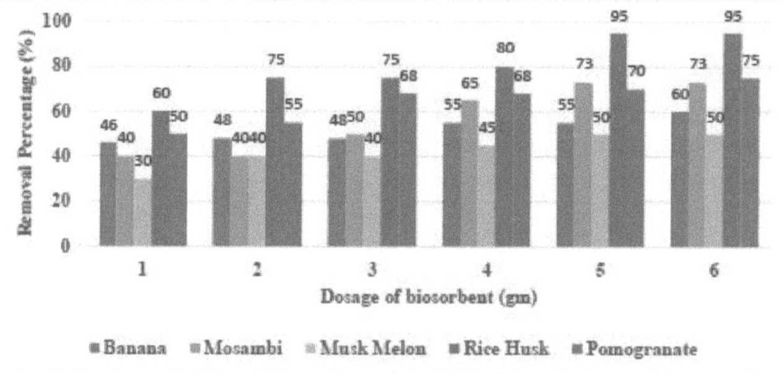

Fig no:4.8: Percentagens de remoção de fósforo

Tabela no:4.8: Valores de remoção de fósforo

Dosagem do biossorvente	Banana	Mosambi	Almíscar Melão	Casca de arroz	Romã
1	46	40	30	60	50
2	48	40	40	75	55
3	48	50	40	75	68
4	55	65	45	80	68
5	55	73	50	95	70
6	60	73	50	95	75

A partir dos resultados do gráfico, observamos que a percentagem de remoção de cloretos utilizando o biossorvente de casca de Ric é de 60% para 1gm, 75% para 2gm, 75% para 3gm, 80% para 4gm, 95% para 5gm, 95% para 6gm. A percentagem de remoção de cloretos com o biossorvente de romã é de 50% para 1 g, 55% para 2 g, 68% para 3 g, 68% para 4 g, 70% para 5 g e 75% para 6 g. A percentagem de remoção de cloretos com o biossorvente Mosambi é de 40% para 1 g, 40% para 2 g, 50% para 3 g, 65% para 4 g, 73% para 5 g e 73% para 6 g. A percentagem de remoção de cloretos com o biossorvente Banana é de 46% para 1gm, 48% para 2gm, 48% para 3gm, 55% para 4gm, 55% para 5gm, 60% para 6gm. A percentagem de remoção de cloretos com o biossorvente melão almiscarado é de 30% para 1 g, 40% para 2 g, 40% para 3 g, 45% para 4 g, 50% para 5 g e 50% para 6 g.

O gráfico mostra a percentagem de remoção de cloretos com diferentes dosagens de biossorventes. A ordem da percentagem de remoção de cloretos para cinco biossorventes diferentes foi encontrada Pó de casca de arroz > Pó de casca de romã > Pó de casca de Mosambi > Pó de casca de banana > Pó de melão almiscarado.

O pó de casca de arroz dá o melhor resultado entre todos os biossorventes.

4.2 Otimização de diferentes parâmetros na remoção de cloretos, fluoretos, ferro e fosfatos da água:

O processo de otimização envolve o estudo da forma como os biossorventes afectam a água quando utilizados para eliminar metais pesados em diferentes cenários, incluindo variações de temperatura, dosagem de biossorvente, velocidade de rotação e tempo de contacto. Na nossa investigação, os biossorventes de romã e de casca de arroz foram utilizados como agentes eficazes na remoção de cloretos, fluoretos, ferro e fosfato da água contaminada, surgindo como os biossorventes com melhor desempenho em média.

pH:

Biossorvente de romã:

A remoção de cloretos e fluoretos da água utilizando o biossorvente de romã dá os melhores resultados à velocidade de 120 rpm. O pH tem um impacto significativo na remoção de cloretos e fluoretos da água poluída. Nestes ensaios, os cloretos e fluoretos são removidos com sucesso pelo biossorvente de romã em que condições de pH. Os materiais foram colocados em frascos cónicos no ensaio de velocidade de agitação, tendo sido adicionada a quantidade adequada de bio-sorvente. Estes frascos foram então colocados num agitador rotativo e agitados a diferentes velocidades durante 1 hora. A influência do tempo de contacto no grau de adsorção de cloretos e fluoretos no biossorvente de romã foi investigada no intervalo de tempo de 120 minutos, enquanto outros factores, como a dose de adsorvente e a temperatura, foram mantidos constantes em cada experiência. As amostras foram avaliadas quanto à eficiência de remoção para determinar o melhor pH. O pH varia entre 6 e 8. 92% do cloreto foi removido com a dose óptima de 0,55 g de romã e agitador a 6 pH, 93% do cloreto foi removido a 6,5 pH e 94% do cloreto foi removido a 7 pH, 94% do cloreto foi removido a 7,5pH. E para os fluoretos, 70% foram removidos com a dose óptima de 0,4 g de romã e agitador a 6 pH, 80% de fluoretos foram removidos a 6,5 pH e 80% de fluoretos foram removidos a 7 pH, 85% de fluoretos foram removidos a 7,5 e 85% de fluoretos foram removidos a 8 pH, aumentando ainda mais o pH que se tornou constante. Podemos ver no gráfico abaixo que as percentagens de remoção de fluoretos aumentam com o pH até atingir o pH 8, altura em que se torna consistente.

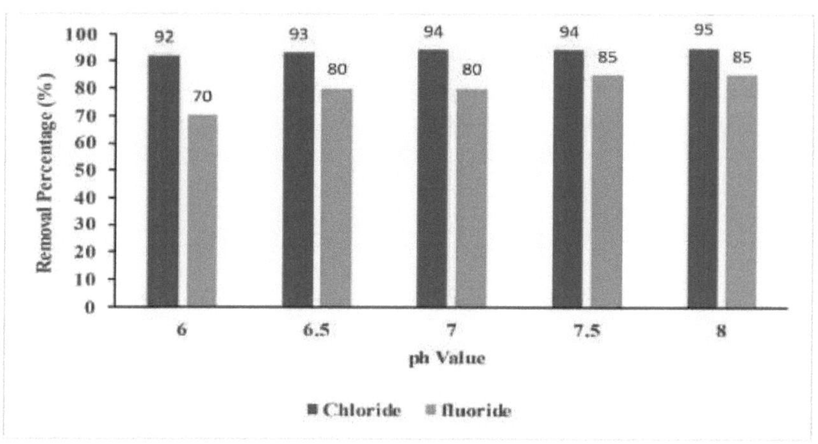

Fig no:4.9: Percentagens de remoção de cloretos e fluoretos em diferentes gamas de pH Utilizando o biossorvente de romã

Tabela no:4.9: Remoção de cloretos e fluoretos em diferentes gamas de pH Utilizando o biossorvente de romã

pH	Cloreto	Fluoreto
6	92	70
6.5	93	80
7	94	80
7.5	94	85
8	95	85

Biossorvente de casca de arroz: A remoção de cloretos e fluoretos da água utilizando o biossorvente de casca de arroz dá os melhores resultados à velocidade de 120 rpm. A velocidade de rotação tem um impacto significativo na remoção de ferro e fosfato da água poluída. Nestes ensaios, o ferro e o fosfato são removidos com sucesso pelo biossorvente de casca de arroz em que condições de pH. Os materiais foram colocados em frascos cónicos no pH de agitação, tendo sido adicionada a quantidade adequada de bio-sorvente. Estes frascos foram então colocados num agitador rotativo e agitados a diferentes velocidades durante 1 hora. A influência do tempo de contacto no grau de adsorção de ferro e fosfato no biossorvente de romã foi investigada no intervalo de tempo de 120 minutos, enquanto outros factores, como a dose de adsorvente e o pH, foram mantidos constantes em cada experiência. As amostras foram avaliadas quanto à eficiência de remoção para determinar o melhor pH. A velocidade de rotação varia entre 6 e 8. Com uma dose óptima de 0,4 g de casca de arroz e agitador a 6 pH, foram removidos 75% de ferro, 80% de ferro a 6,5 pH, 83% de ferro a 7 pH, 83% de ferro a 7,5 pH e 83% de ferro a 8 pH. E para o fosfato, 78% foi removido na dose óptima de 0,4 g de casca de arroz e agitador a 6 pH, 78% de fosfato foi removido a 6,5 pH, e 85% de fosfato foi removido a 7 pH, 85% de fosfato foi removido a 7,5 pH, 85% de fosfato foi removido a 8 pH com o aumento do pH que se tornou constante. Podemos ver no gráfico abaixo que as percentagens de remoção de fosfato aumentam com o pH até atingir 8pH, altura em que se torna consistente.

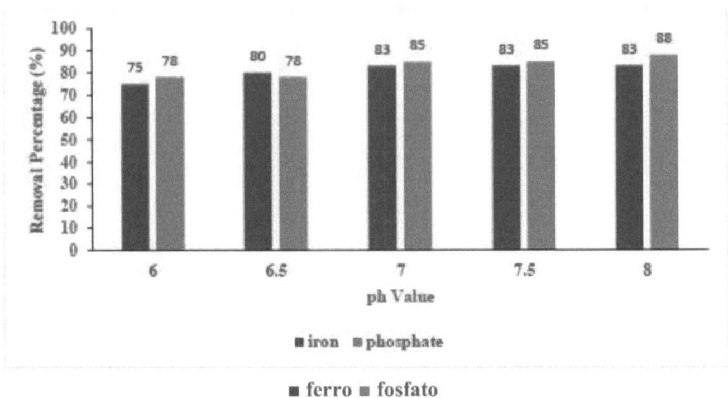

Fig no:4.10: Remoção de ferro e fósforo em diferentes gamas de pH Utilizando biossorvente de casca de arroz

Tabela no:4.10: Remoção de ferro e fósforo em diferentes gamas de pH Utilizando biossorvente de casca de arroz

pH	ferro	fosfato
6	75	78
6.5	80	78
7	83	85
7.5	83	85
8	83	88

Velocidade de rotação:

Biossorvente de romã:

A remoção de cloretos e fluoretos da água utilizando o biossorvente de romã dá os melhores resultados à velocidade de 120 rpm. A velocidade de rotação tem um impacto significativo na remoção de cloretos e fluoretos da água poluída. Nestes ensaios, os cloretos e fluoretos são removidos com sucesso pelo biossorvente de romã a que taxas de rotação. Os materiais foram colocados em frascos cónicos no ensaio de velocidade de agitação e foi adicionada a quantidade adequada de bio-sorvente. Estes frascos foram então colocados num agitador rotativo e agitados a diferentes velocidades durante 1 hora. A influência do tempo de contacto no grau de adsorção de cloretos e fluoretos no biossorvente de romã foi investigada no intervalo de tempo de 120 minutos, enquanto outros factores, como a dose de adsorvente e a temperatura, foram mantidos constantes em cada experiência. As amostras foram avaliadas quanto à eficiência de remoção para determinar a melhor velocidade de rotação. A velocidade de rotação varia entre 30 e 120 rotações por minuto. 92% do cloreto foi removido com uma dose óptima de 0,55 g de romã e um agitador a 30 rpm, 94% do cloreto foi removido a 60 rpm, 97% do cloreto foi removido a 90 rpm e 97% do cloreto foi removido a 120 rpm. Quanto aos fluoretos, 70% foram removidos com uma dose óptima de 0,55 g de romã e agitador a 30 rpm, 75% de fluoretos foram removidos a 60 rpm e 82% de cloretos foram removidos a 90 rpm, 90% de fluoretos foram removidos a 120 rpm, aumentando ainda mais a velocidade de rotação que se tornou constante. Podemos ver no gráfico abaixo que as percentagens de remoção de fluoretos aumentam com a velocidade de rotação até atingir 90 rpm, altura em que se torna consistente.

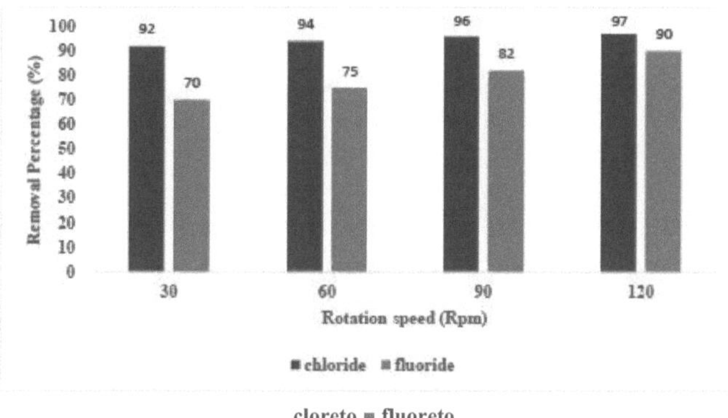

cloreto ■ fluoreto

Fig no:4.11: Percentagens de remoção de cloretos e fluoretos a diferentes velocidades de rotação utilizando o biossorvente de romã

Tabela no:4.11: Remoção de cloretos e fluoretos a diferentes velocidades de rotação Utilizando o biossorvente de romã

velocidade	Cloreto	fluoreto
30	92	70
60	94	75
90	96	82
120	97	90

Biossorvente de casca de arroz:

A influência da velocidade de rotação na remoção de cloretos e fluoretos da água utilizando o biossorvente de casca de arroz foi investigada, revelando que a velocidade de rotação óptima para a máxima eficiência de remoção foi de 120 rpm. Numa série de ensaios, foi também estudada a remoção de ferro e fosfato da água poluída, tendo a velocidade de rotação surgido como um fator significativo que afecta a sua remoção. Os frascos cónicos contendo materiais e a quantidade adequada de biossorvente foram sujeitos a agitação a várias velocidades, de 30 a 120 rotações por minuto (rpm), utilizando um agitador rotativo durante 1 hora. O impacto do tempo de contacto na adsorção de ferro e fosfato no biossorvente de casca de arroz foi explorado ao longo de um intervalo de tempo de 120 minutos, com outros parâmetros, como a dose de adsorvente e a temperatura, mantidos constantes. As experiências demonstraram que, à medida que a velocidade de rotação aumentava, a eficiência de remoção de cloretos e fluoretos melhorava até atingir um nível ótimo. Por exemplo, 90% da remoção de cloretos foi alcançada a 30 rpm com uma dose óptima de 0,4 g de casca de arroz, enquanto 98% da remoção de cloretos foi observada a 120 rpm. A remoção de fosfatos apresentou uma tendência de aumento da eficiência com velocidades de rotação mais elevadas, atingindo 85% de remoção a 120 rpm. No entanto, para além deste ponto, outros aumentos na velocidade de rotação não melhoraram significativamente a eficiência da remoção. Os resultados indicam que a velocidade de rotação desempenha um papel crucial no processo de adsorção, particularmente na melhoria da remoção de cloretos e fluoretos da água utilizando o biossorvente de casca de arroz.

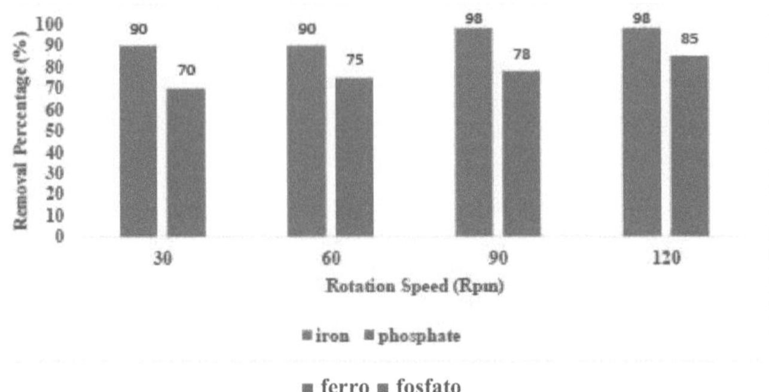

■ ferro ■ fosfato

Fig no:4.12: Remoção de ferro e fósforo a diferentes velocidades de rotação utilizando o biossorvente de casca de arroz

Tabela no:4.12: Remoção de ferro e fósforo a diferentes velocidades de rotação utilizando o biossorvente de casca de arroz

Velocidade	Ferro	Fosfato
30	90	70
60	90	75
90	98	78
120	98	85

Tempo de contacto:

Biossorvente de romã:

A influência do tempo de rotação na remoção de cloretos e fluoretos da água utilizando o biossorvente de casca de arroz foi investigada, revelando que foi encontrado o tempo de rotação ótimo para a máxima eficiência de remoção. Numa série de ensaios, foi também estudada a remoção de cloretos e fluoretos de águas poluídas, tendo o tempo de rotação surgido como um fator significativo que afecta a sua remoção. Os frascos cónicos contendo materiais e a quantidade adequada de biossorvente foram sujeitos a agitação durante vários períodos de tempo, de 30 a 120 minutos, utilizando um agitador rotativo. 94% do cloreto foi removido com a dose óptima de 1g de romã e agitador a 30 minutos, 96% do cloreto foi removido a 60 minutos, 97% do cloreto foi removido a 90 minutos e 97% do cloreto foi removido a 120 minutos. E para os fluoretos, 70% foram removidos na dose óptima de 0,55 g de romã e agitador aos 30 minutos, 75% dos fluoretos foram removidos aos 60 minutos e 80% do cloreto foi removido aos 90 minutos, 90% do cloreto foi removido aos 120 minutos.

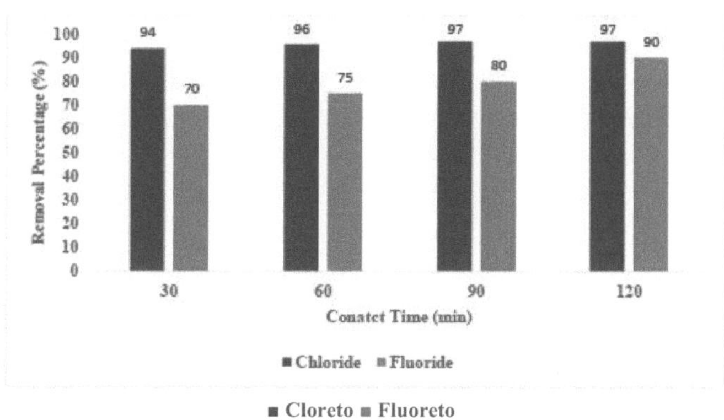

■ Cloreto ■ Fluoreto

Fig no:4.13: Remoção de cloretos e fluoretos em diferentes tempos de contacto utilizando o biossorvente de romã

Tabela No:4.13: Remoção de cloretos e fluoretos em diferentes tempos de contacto utilizando o biossorvente de romã

Tempo de contacto	Cloreto	Fluoreto
30	94	70
60	96	75
90	97	80
120	97	90

Biossorvente de casca de arroz:

O estudo investigou o impacto do tempo de rotação na remoção de ferro e fosfato da água utilizando o biossorvente de casca de arroz, revelando a identificação de um tempo de rotação ótimo para a máxima eficiência de remoção. Numa série de ensaios, foi explorada a remoção de ferro e fosfato de águas poluídas, destacando o tempo de rotação como um fator crucial que influencia a sua remoção. Os frascos cónicos contendo a quantidade adequada de biossorvente foram sujeitos a agitação durante vários períodos de tempo, de 30 a 120 minutos, utilizando um agitador rotativo. Os resultados mostraram que 80% do ferro foi removido numa dose óptima de 0,4 g de romã com agitação durante 30 minutos, seguida de 85% aos 60 minutos, 87% aos 90 minutos e 90% aos 120 minutos. Da mesma forma, para a remoção de fosfato, 70% foi removido na dose óptima de 1g de casca de arroz com agitação durante 30 minutos, 75% aos 60 minutos, 78% aos 90 minutos e 88% aos 120 minutos.

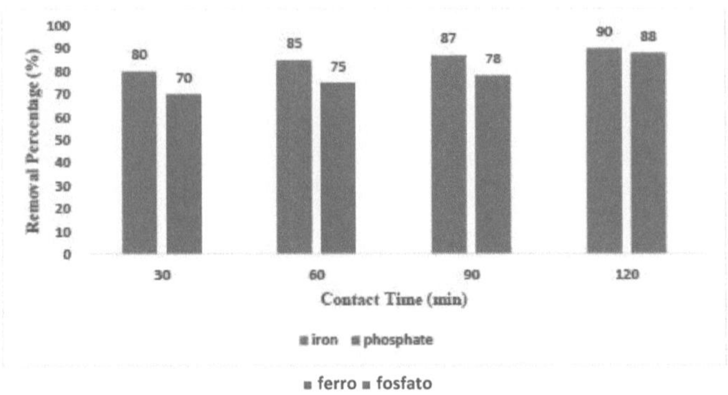

Fig no:4.14: Remoção de ferro e fósforo em diferentes tempos de contacto a Utilizando biossorvente de casca de arroz

Tabela no:4.14: Remoção de ferro e fósforo em diferentes tempos de contacto utilizando o biossorvente de casca de arroz

tempo de contacto	Ferro	fosfato
30	80	70
60	85	75
90	87	78
120	90	88

Temperatura:

Biossorvente de romã:

As condições de temperatura têm um impacto significativo na remoção de cloretos e fluoretos da água poluída. Nestes ensaios, os cloretos e fluoretos foram removidos com sucesso pelo biossorvente Pomegranate a que taxas de rotação. Os materiais foram colocados em frascos cónicos em condições de temperatura de agitação, tendo sido adicionada a quantidade adequada de biossorvente. Estes frascos foram então colocados num agitador rotativo e agitados a diferentes velocidades durante 120 minutos. 91% do cloreto foi removido com a dose óptima de 0,55 g de romã e o agitador a 30 graus, 93% do cloreto foi removido a 35 graus, 94% do cloreto foi removido a 40 graus e 96% do cloreto foi removido a 45 graus. A melhor temperatura de remoção é de 45 graus para a remoção de cloretos. E para os fluoretos, 90 por cento foram removidos na dose óptima de 1g de romã e agitador a graus, 70 por cento de fluoretos removidos a 60 graus, e 80 por cento de cloreto foi removido a 90 graus, 70 por cento de fluoretos removidos a 120 graus. A melhor temperatura de remoção de fluoretos utilizando romã a 30 graus.

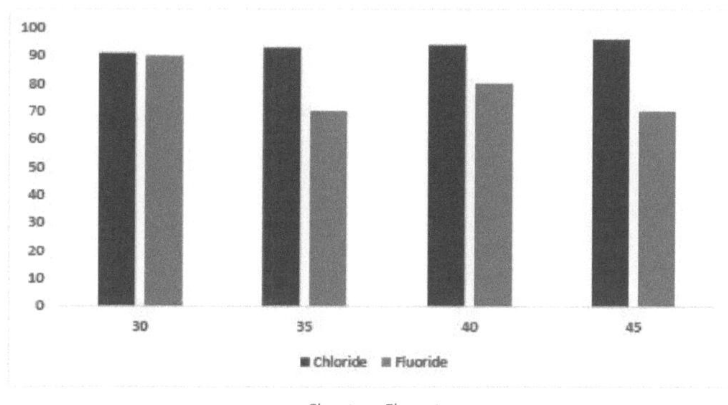

Cloreto Fluoreto

Fig no:4.15: Remoção de cloretos e fluoretos a diferentes temperaturas utilizando o biossorvente de romã

Tabela no:4.15: Remoção de cloretos e fluoretos a diferentes temperaturas Utilizando o biossorvente de romã

Temperatura	Cloreto	Fluoreto
30	91	90
35	93	70
40	94	80
45	96	70

Biossorvente de casca de arroz: As condições de temperatura desempenham um papel crucial na remoção de ferro e fosfato da água poluída utilizando o biossorvente de casca de arroz. Numa série de ensaios, a eficácia da remoção de ferro e fosfato foi avaliada com taxas de rotação variáveis. Os frascos cónicos contendo materiais foram sujeitos a agitação a diferentes temperaturas num agitador rotativo durante 120 minutos. Com uma dose óptima de 0,4 g de casca de arroz e agitação a 30 graus, 98% do ferro foi removido com êxito, seguido de 92% a 35 graus e 90% a 40 graus. Além disso, 85% do ferro foi removido a 30 graus. A temperatura mais eficiente para a remoção de ferro foi determinada como sendo 45 graus. Da mesma forma, para a remoção de fosfato, 85% foi alcançado com uma dose óptima de 1g de casca de arroz e agitação a uma temperatura não revelada, seguida de 78% a 60 graus, 75% a 90 graus e 70% a 120 graus. Além disso, verificou-se que a temperatura óptima para a remoção de fluoreto utilizando casca de arroz era de 30 graus.

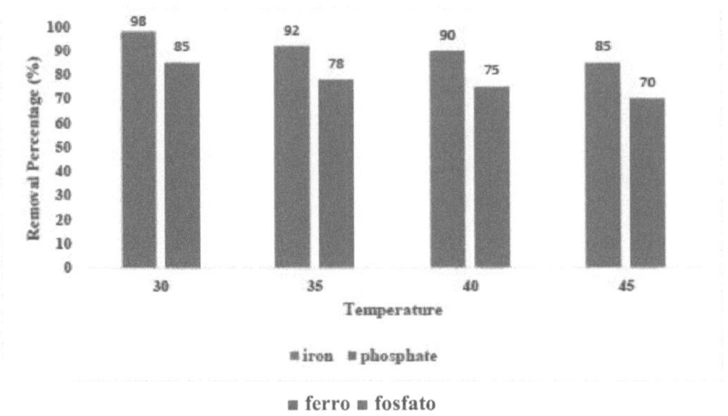

■ ferro ■ fosfato

Fig no:4.16: Remoção de ferro e fósforo a diferentes temperaturas utilizando o biossorvente de casca de arroz

Tabela no:4.16: Remoção de ferro e fósforo a diferentes temperaturas utilizando o biossorvente de casca de arroz

Temperatura	Ferro	Fosfato
30	98	85
35	92	78
40	90	75
45	85	70

5. estudo cinético da água:

A destilação é um método eficaz para remover compostos inorgânicos, como metais (como o chumbo), cloretos e outras partículas indesejadas, como fluoretos, ferro e fosfato, de fontes de água contaminadas. Além disso, o processo de ebulição inerente à destilação também serve para erradicar microorganismos como bactérias e certos vírus. Outro aspeto importante a considerar quando se estuda a destilação para o tratamento da água é a influência de factores naturais como o clima, a geologia e a utilização do solo na qualidade da água. Estes factores podem afetar diretamente a presença e os tipos de contaminantes encontrados nas fontes de água, bem como a eficiência de vários métodos de tratamento. Em resumo, a análise da destilação como método de tratamento de água é de extrema importância para garantir o acesso a água potável segura e potável, particularmente em regiões onde as fontes de água são escassas ou contaminadas. A compreensão e a abordagem destes factores são passos cruciais para se conseguir um acesso generalizado a água potável limpa.

Cloretos:

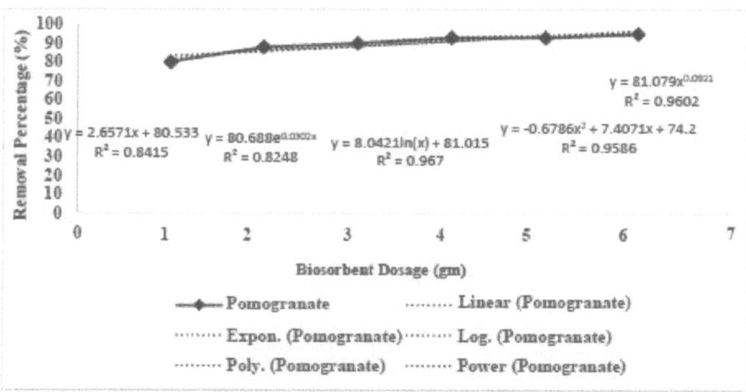

Fig n.º 5.1: Percentagens de remoção de cloretos

Quadro n.º 5.1: revalorizações de cloretos

biossorvente	**química**	**equação**	**R^ 2 valor**
Romã	cloretos	$y = 2,6571x + 80,533$	0.8415
		$y = 80,688e^{°.°302x}$	0.8274
		$y = 8,0421\ln(x) + 81.015$	0.967
		$y = -0,6786x2 + 7,4071x + 74,2$	0.9586
		$y = 81,079x\ .^{00921}$	0.9596

Fluoretos:

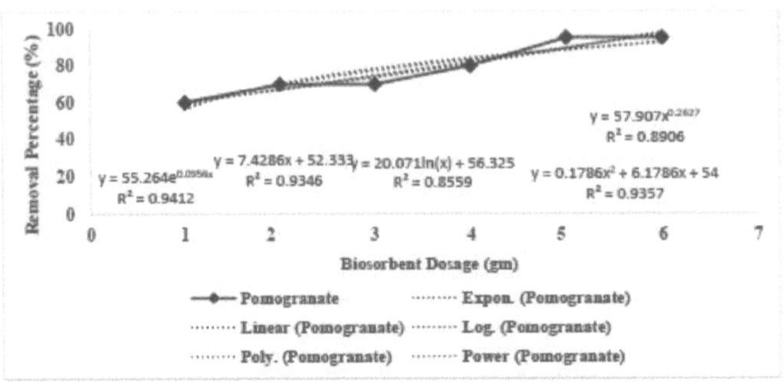

Fig no:5.2: Percentagens de remoção de fluoretos

Tabela no:5.2: Fluoretos r 2valores^A

biossorvente	química	equação	R^A 2 valor
romã	fluoretos	$y = 55{,}264e\,.^{00956x}$	0.934
		$y = 7{,}4286x + 52{,}333$	0.9346
		$y = 20{,}071\ln(x) + 56{,}325$	0.8559
		$y = 0{,}1786x^2 + 6{,}1786x + 54$	0.9357
		$y = 57{,}907x\,.^{02627}$	0.8882

Ferro:

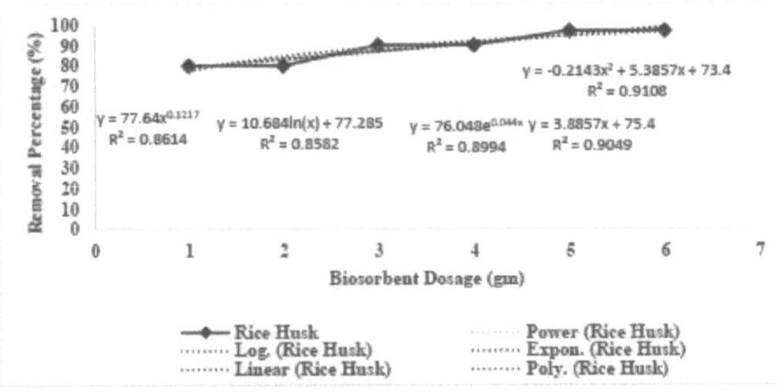

Fig no:5.3: Percentagens de remoção de ferro

Tabela no:5.3: Reavaliações de ferro

biossorvente	química	equação	R^A 2 valor
Casca de arroz	ferro	$y = 77{,}64x^{0.1217}$	0.8718
		$y = 10{,}684\ln(x) + 77.285$	0.8582
		$y = 76{,}048e0.^{044x}$	0.8991
		$Y = 3{,}8857x + 75{,}4$	0.9049
		$y = -0{,}2143x2 + 5{,}3857x + 73{,}4$	0.9108

Fósforo:

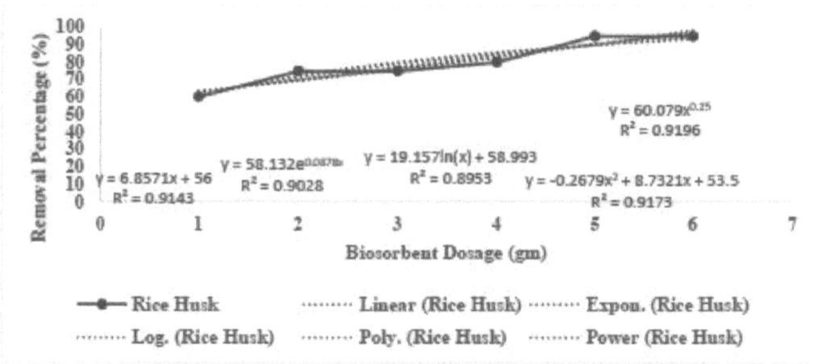

Fig no:5.4: Percentagens de remoção de fósforo

Tabela no:5.4: Fósforo r 2valiies^A

biossorvente	química	equação	R^A 2 valor
Casca de arroz	fosfato	y = 6,8571x + 56	0.9143
		y = 58,132e0,0^878x	0.9041
		y = 19,157ln(x) + 58.993	0.8953
		y = -0,2679x2 + -8,7321x + 53,5	0.9173
		y = 60,079x0,25	0.9099

Sulfatos:

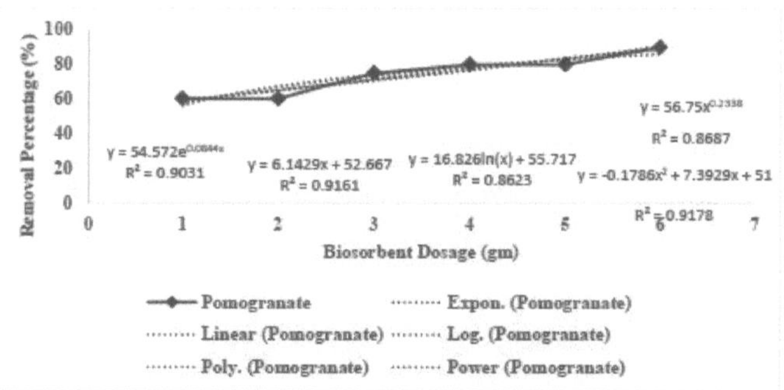

Fig no:5.5: Percentagens de remoção de sulfatos

Tabela no:5.5: Sulfatos r 2valores^A

biossorvente	química	equação	R^A 2 valor
romã	Sulfato	y = 54,572e .^00844x	0.9078
		y = 6,1429x + 52,667	0.916
		y = 16,826ln(x) + 55,717	0.8623
		y = -0,1786x2 + 7,3929x + 51	0.9178
		y = 56,75x 2^0.338	0.8875

Dureza:

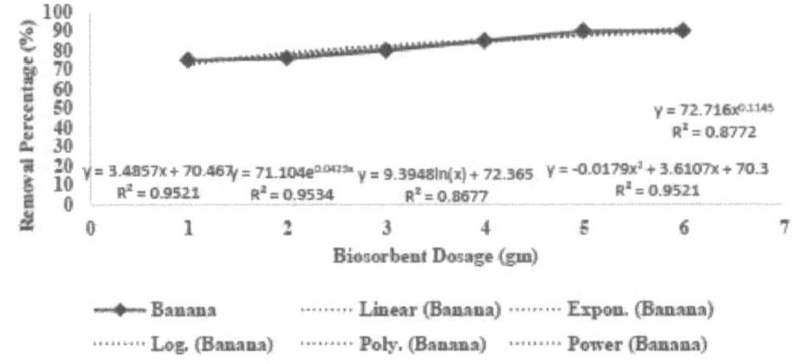

Fig no:5.6: Percentagens de remoção de dureza

Tabela n.º 5.6: Reavaliações de dureza

biossorvente	química	equação	R^A 2 valor
Banana	Dureza	y = 3,4857x + 70,467	0.9521
		$y = 71,104e^{\circ.\circ 423x}$	0.9505
		y = 9,3948ln(x) + 72,365	0.8677
		y = -0,0179x2 + 3,6107x + 70,3	0.9521
		$y = 72,716x\ .^{01145}$	0.8847

Nitratos:

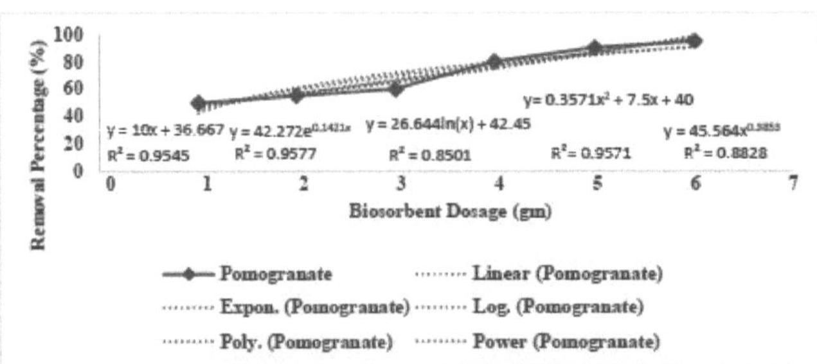

Fig no:5.7: Percentagens de remoção de nitratos

Tabela no:5.7: Nitratos r 2valiies^A

biossorvente	química	equação	R^A 2 valor
Romã	nitrato	y = 10x + 36,667	0.9545
		$y = 42,272e^{0}.1^{421x}$	0.9524
		y = 26,644ln(x) + 42,45	0.8501
		y = 0,3571x2 + 7.5x + 40	0.9571
		$y = 45,564x^{0.3853}$	0.9069

Amoníaco:

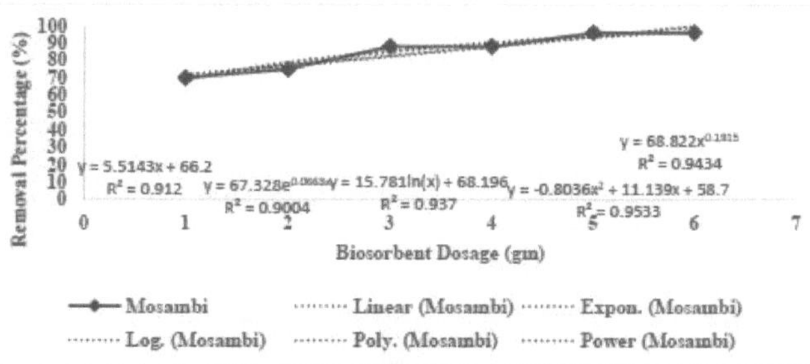

Fig no:5.8: Percentagens de remoção de amoníaco

Quadro n.º 5.8: Valores de amoníaco r 2^{A}

biossorvente	**química**	**equação**	**R^{A} 2 valor**
Mosambi	Amoníaco	y = 5,5143x + 66,2	0.912
		$y = 67,328e0.^{0663x}$	0.8911
		y = 15,781ln(x) + 68.196	0.937
		y = -0,8036x2 + 11,139x + 58,7	0.9533
		$y = 68,822x0,1^{915}$	0.9432

Nas últimas décadas, as preocupações ambientais têm sido um ponto fulcral para os investigadores de todo o mundo. As águas residuais industriais estão carregadas de poluentes que colocam em risco tanto os organismos vivos como o ambiente. Ao contrário dos poluentes orgânicos, os cloretos metálicos, uma vez libertados no ambiente, não podem ser biodegradados. As fontes de contaminação por metais variam, incluindo instalações de revestimento de metais, fabrico de baterias e práticas agrícolas intensivas que envolvem a utilização de fertilizantes. Os cloretos representam um risco ambiental significativo para as massas de água e para a saúde dos organismos devido aos seus efeitos mutagénicos e citogenéticos amplamente divulgados. Têm sido utilizadas várias tecnologias para descontaminar as águas residuais, incluindo a precipitação química, a filtração por membranas, os processos biológicos e a permuta iónica. No entanto, estes métodos têm desvantagens, como os elevados custos dos reagentes, o consumo de energia e a produção de lamas. Entre os métodos de tratamento desenvolvidos, a adsorção surge como uma das técnicas mais promissoras para a remoção de poluentes de soluções aquosas. A eficiência da adsorção depende tanto da natureza do adsorvente como do sorbato. Por conseguinte, numerosos estudos investigaram a utilização de resíduos agrícolas como biossorventes alternativos, como a romã e a casca de arroz. A romã e a casca de arroz, resíduos facilmente disponíveis das indústrias de sumo e de moagem de arroz, respetivamente, estão a ser exploradas pelo seu potencial na remoção de poluentes de águas residuais devido ao seu baixo custo e abundância. Este estudo centra-se na preparação de diferentes biossorventes a partir da romã e da casca de arroz através de modificações físico-químicas para facilitar a sua utilização na remoção de cloretos de soluções aquosas. Além disso, a cinética de adsorção foi examinada para identificar o modelo cinético que melhor se adapta aos dados experimentais.

5.1 Analisar as diferentes localizações da água:

A poluição maciça das águas é cada vez mais frequente devido à utilização excessiva de poluentes, nomeadamente químicos, nos sectores industrial e agrícola. Esta contaminação resulta na mistura de cloretos e outras substâncias tóxicas com a água, o que representa um risco significativo para os seres humanos e os animais. O consumo desta água poluída levou à disseminação de várias doenças transmitidas pela água entre as populações e os animais, afectando negativamente a sua saúde. Para combater este problema, estão a ser feitos esforços para remover os cloretos da água utilizando vários métodos. Uma abordagem envolve a utilização de flora e materiais sólidos recolhidos em diferentes locais. Estes materiais são utilizados para filtrar eficazmente os cloretos e outros poluentes, reduzindo assim os níveis de contaminação das fontes de água. Ao implementar estas estratégias, espera-se que os efeitos prejudiciais da poluição da água possam ser atenuados, salvaguardando a saúde e o bem-estar das populações humanas e animais. Para isso, recolhemos cascas (de romã, mosambi, melão almiscarado e banana de uma loja de sumos de fruta e casca de arroz de um moinho de arroz) Para testar e remover os cloretos, recolhemos a água dos locais abaixo mencionados: Nandivada, Pamarru, Machilipatnam, Gudlavalleru.

Tabela no:5.9: Remoção de cloretos (%) utilizando pó de casca de romã em vários locais

s.no	Localização	Água de superfície		% Remoção de cloretos	Águas subterrâneas		% Remoção de cloretos
		Cloreto inicial (mg/l)	Cloro final (mg/l)		Cloreto inicial (mg/l)	Cloreto final (mg/l)	
1	Gudlavalleru	879.9	107.4	87.99	2024.9	21.9	98.91
2	Pamarru	414.8	49.9	87.97	199.9	37.4	81.29
3	Nandivada	262.4	92.4	64.78	474.8	62.4	86.85
4	challapalli	724.7	79.9	88.97	549.8	99.9	81.83

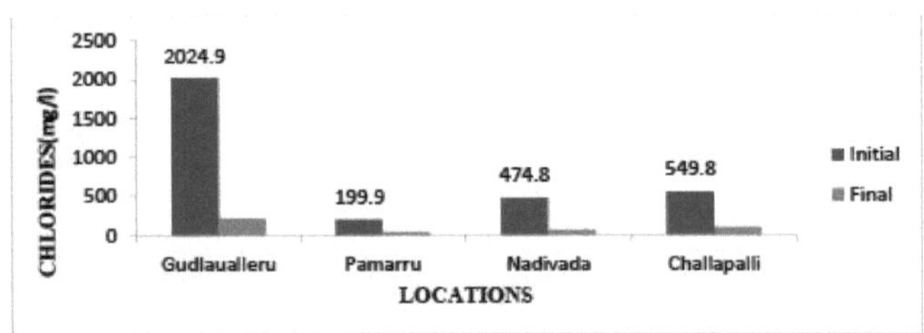

Fig n.º 5.9: Amostras de água subterrânea recolhidas em vários locais

A partir da figura, podemos observar que uma grande quantidade de cloretos é removida da amostra de água que é recolhida em Gudlavalleru.

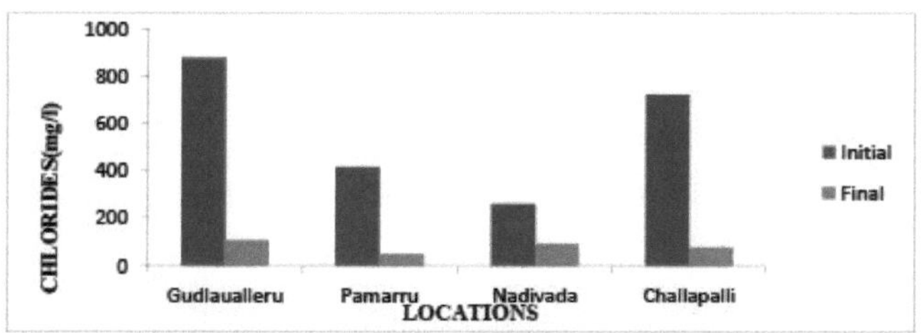

Fig n.º 5.10: Amostras de águas superficiais recolhidas em vários locais

A partir da figura, podemos observar que uma grande quantidade de cloretos é removida da amostra de água que é recolhida em Challapalli.

CAPÍTULO 6

FILTRAÇÃO

6.1 Filtro de carvão ativado no tratamento de águas:

Os filtros de carbono, que remontam aos tempos do antigo Egito, servem como ferramentas de purificação cruciais em várias configurações de tratamento de água. Utilizados em estações de tratamento de água domésticas e distritais, bem como em fases de pré-tratamento de osmose inversa, estes filtros aproveitam as notáveis propriedades de absorção do carvão ativado para remover contaminantes. O carvão ativado, dotado de uma ligeira carga electropositiva, aumenta a sua capacidade de atrair e reter uma vasta gama de produtos químicos e impurezas na água. À medida que a água interage com o carvão ativado, a sua superfície atrai eficazmente iões contaminantes com carga negativa. Para o tratamento de água doméstica, recomenda-se tanto o carvão ativado granular (GAC) como o carvão em bloco em pó, sendo que os filtros de carvão em bloco se destacam na remoção de grandes contaminantes. A quantidade de carbono no filtro e o caudal de água influenciam diretamente a sua eficácia e capacidade. O investimento em sistemas de tratamento de água de fabricantes conceituados garante o acesso a água potável limpa, promovendo uma maior qualidade de vida.

6.2 OBJECTIVO:

O principal objetivo deste tanque de filtragem de carvão ativado é satisfazer as necessidades de água do albergue do rapaz da faculdade. O carvão vegetal é utilizado para remover contaminantes e impurezas, utilizando a adsorção química ativa. Os filtros de carvão vegetal são mais eficazes na remoção de cloro, sedimentos, compostos orgânicos voláteis (COV), sabor e odor da água. A água purificada é armazenada num tanque subterrâneo. A água é bombeada e armazenada em tanques suspensos. A água reciclada é utilizada para satisfazer as necessidades de água do alojamento dos rapazes da faculdade. As águas residuais geradas no albergue dos rapazes, incluindo a água das casas de banho, dos lavatórios da cozinha e da lavandaria, são recicladas e utilizadas para limpeza e outros fins no albergue.

6.3 CONCEPÇÃO DO RESERVATÓRIO:

1. Diâmetro do tanque 70 cm e altura 165 cm.
2. Capacidade do depósito 635 litros
3. Dividido em 4 câmaras com três filtros
4. 1st altura da câmara 35 cm
5. 2nd altura da câmara 35 cm
6. 3rd altura da câmara 55 cm
7. 4th altura da câmara 40 cm
8. No filtro superior são colocados agregados de diferentes tamanhos.
9. E no filtro de carvão do meio foram colocados

Fig no:6.1: Tanque de filtragem

6.4 CONCEPÇÃO DE FILTROS:

FILTRO AGREGADO:

A experiência utiliza métodos padronizados para avaliar o impacto do tamanho do agregado na remoção de sólidos suspensos e outras partículas em águas residuais. Num tanque de filtração com mais de 100 litros de capacidade, são utilizados vários tamanhos de agregados grossos e finos para a filtração. O filtro de agregados é projetado com uma altura de aproximadamente 20 cm e um diâmetro de 60 cm.

Fig. 6.2: Filtro de areia
Fig no:6.3: Filtro de cascalho

FILTRO DE CARVÃO VEGETAL:

Nesta fase, uma camada de carvão ativado é introduzida no fluxo de água para avaliar as suas capacidades de adsorção e a sua influência na qualidade da água em condições controladas. Os poluentes específicos visados incluem compostos orgânicos e potenciais toxinas. O filtro de carvão é concebido com vários tamanhos de carvão, com uma espessura média de cerca de 20 cm e um diâmetro de aproximadamente 60 cm.

Fig. nº: 6.4: Filtro de carvão vegetal

FILTRO BIOSSORVENTE:

A etapa seguinte centra-se na esterilização utilizando biossorventes feitos a partir de pó de cascas de flores e de frutos. Funciona assim: primeiro, a água é submetida a ciclos repetidos, misturada com uma solução que contém cascas de frutos e flores. A agitação é assistida por um ventilador com motor elétrico. Estes biossorventes são cuidadosamente selecionados pelas suas propriedades naturais e pela sua eficácia no combate aos contaminantes microbianos. São efectuadas experiências controladas para medir a eficácia dos biossorventes na redução das cargas bacterianas e virais, contribuindo significativamente para a purificação da água. Esta fase é crucial para obter água microbiologicamente segura.

Uma vez concluído o processo de filtragem, é efectuada uma segunda ronda de testes à água filtrada. O objetivo destes testes pós-projeto é avaliar a eficiência do sistema de filtragem e medir a diminuição de poluentes conseguida através da abordagem em várias fases. Ao comparar os resultados dos testes de água pré-projeto e pós-projeto, obtemos uma compreensão abrangente do impacto do projeto na qualidade da água.

6.4.1 PROCESSO DE FILTRAGEM:

1. Inicialmente, os agregados e o carvão foram cuidadosamente limpos com água potável.
2. Os agregados limpos, peneirados com crivos de 10 mm, 6,3 mm e 4,75 mm, foram depois colocados na malha superior, formando uma camada com uma altura de 10 cm.
3. Do mesmo modo, o carvão limpo foi colocado na segunda rede, também com uma altura de 10 cm.
4. Depois de todos os materiais terem sido devidamente colocados nas câmaras, as águas residuais recolhidas no laboratório foram despejadas no tanque.
5. Como resultado da colocação de agregados e carvão, os sólidos suspensos e alguns metais foram efetivamente removidos das águas residuais.
6. Na câmara final, foram introduzidos vários biossorventes e carvão ativado para melhorar ainda mais o processo de filtração, visando diferentes parâmetros.
7. Foi extraída uma amostra da água filtrada e foram efectuados os testes necessários para avaliar a sua qualidade.
8. Todo o procedimento foi repetido durante vários ciclos para garantir uma filtragem completa e resultados consistentes.

6.5 RESULTADOS:

Tabela nº: 6.1: AGREGADOS (20cm de altura) E CARVÃO (10cm de altura) para determinar diferentes parâmetros na água

Lista de testes	Amostra em bruto	1º Ciclo	2º Ciclo
PH	7.38	8.18	8.01
Turbidez	17.7	58.4	58.4
Condutividade	1.22	1.89	1.42
Fluoretos	0	0	0
Amoníaco	3	3	3
Fosfato	0	0	0
Nitrato	5	5	5
Nitritos	0.5	0.5	0.5
Ferro	5	5	5
Sulfatos	435.84	518.4	257.28
Acidez	120	0	75
Alcalinidade	190	50	50
Cloretos	437.48	477.48	292.49
Dureza	605	350	285
TDS	8.5	32	32

Tabela nº: 6.2: Romã (1Kg) e casca de arroz (1Kg) para determinar diferentes parâmetros em diferentes ciclos na água

Lista de testes	Amostra química	1º Ciclo	2º Ciclo	3º Ciclo	4º Ciclo
PH	2.49	2.84	2.86	3.8	4.1
Turbidez	397	306	298	290	283
Condutividade	35.49	33.94	32.7	32.3	31.9
Fluoretos	1.5	1.5	1.5	1	1
Amoníaco	1	3	3	3	3
Fosfato	0.5	0.5	0	0.5	0.5
Nitrato	5	0	0	0	0
Nitritos	0	0	0	0	0
Ferro	5	5	5	5	5
Sulfatos	101.76	38.4	36.4	105.6	92.16
Acidez	3950	3450	3300	3700	2950
Alcalinidade	1500	100	100	150	125
Cloretos	2675 D	2299.93	2249.43 D	4667.36 D	3999.88 D
Dureza	2560 D	2550 D	2550 D	1000 D	1250 D
TDS	950	103.5	59	0	0

Os dados fornecidos descrevem os resultados de vários testes realizados numa amostra química ao longo de quatro ciclos. Inicialmente, a amostra apresentava condições altamente ácidas com um pH de 2,49, acompanhado por uma turbidez significativa de 397 NTU e uma condutividade relativamente baixa de 35,49 pS/cm. Os níveis de fluoreto permaneceram estáveis a 1,5 mg/L ao longo de todos os ciclos, enquanto o teor de amoníaco aumentou de 1 mg/L no primeiro ciclo para 3 mg/L nos ciclos subsequentes. Os níveis de fosfato flutuaram, atingindo zero no terceiro ciclo, enquanto o nitrato e o nitrito permaneceram ausentes em todos os ciclos. A concentração de ferro manteve-se constante a 5 mg/L. Os níveis de sulfato mostraram uma variabilidade significativa, atingindo um pico de 105,6 mg/L no quarto ciclo. A acidez diminuiu gradualmente de 3950 mg/L no primeiro ciclo para 2950 mg/L no quarto ciclo, enquanto a alcalinidade flutuou mas manteve-se geralmente num intervalo inferior. As variações mais notáveis foram observadas nos níveis de cloreto e dureza, com os níveis de cloreto a atingirem 4667,36 mg/L e a dureza a diminuir drasticamente para 1000 mg/L no quarto ciclo. Os sólidos dissolvidos totais (TDS) diminuíram notavelmente de 950 mg/L no primeiro ciclo para zero nos ciclos subsequentes, indicando uma remoção efectiva dos sólidos dissolvidos ao longo do tempo.

6.6 Desativação e regeneração de vários materiais biossorventes:

A longevidade e a eficácia dos biossorventes nos processos de adsorção são fundamentais para a aplicação prática, mas enfrentam desafios decorrentes da desativação gradual ao longo do tempo. Factores como as influências químicas, mecânicas e térmicas levam à redução da dispersão da fase ativa e ao crescimento cristalino, diminuindo a área da superfície. A deposição de toxinas nas superfícies dos biossorventes, provenientes de reagentes, produtos ou impurezas, dificulta ainda mais a adsorção. Os processos de regeneração são vitais para restaurar os biossorventes, removendo os contaminantes adsorvidos utilizando agentes de dessorção como o ácido clorídrico ou o hidróxido de sódio. No entanto, a exposição prolongada a ambientes ácidos pode degradar a biomassa, afectando os locais de ligação. A maximização dos ciclos de reutilização de biossorventes é económica e ambientalmente vantajosa para o tratamento de águas residuais e a recuperação de recursos. A utilização de biomassa morta oferece estabilidade, eficácia de remoção e fácil regeneração. A otimização dos métodos de regeneração deve ter em conta o custo, a reutilização e o valor dos metais recuperados, enquanto os métodos químicos requerem atenção ao impacto ambiental. A investigação contínua sobre técnicas de regeneração é essencial para melhorar a sustentabilidade e a eficiência da biossorção.

Biossorvente de romã:

A percentagem de remoção de cloretos e fluoretos utilizando pó de casca de romã foi medida em três ciclos. No primeiro ciclo, a remoção de cloretos foi de 96% e a de fluoretos de 75%. No segundo ciclo, a remoção de cloretos diminuiu para 80% e a remoção de fluoretos diminuiu para 70%. No terceiro ciclo, a remoção de cloretos foi de 73% e a remoção de fluoretos manteve-se nos 70%.

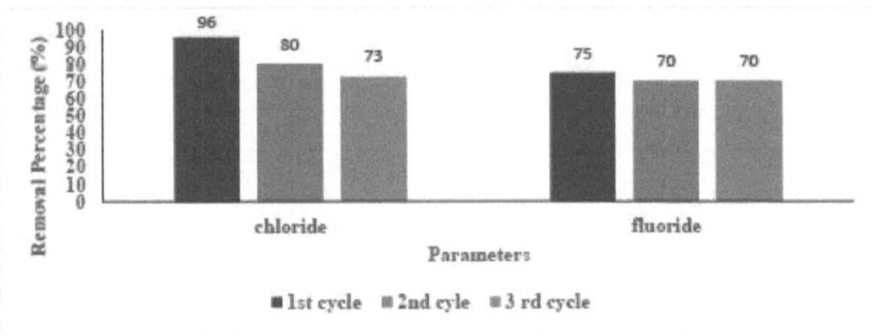

Fig nº:6.5: Percentagem de remoção de cloretos e fluoretos utilizando pó de casca de romã em três ciclos

Tabela nº: 6.3: Remoção de cloretos e fluoretos em diferentes ciclos utilizando pó de casca de romã

Parâmetros	**1º ciclo**	**2º ciclo**	**3º ciclo**
cloreto	96	80	73
fluoreto	75	70	70

Biosorvente de casca de arroz:

A percentagem de remoção de ferro e fosfato utilizando pó de casca de arroz foi medida em três ciclos. No primeiro ciclo, a remoção de ferro foi de 75% e a remoção de fosfato foi de 85%. No segundo ciclo, a remoção de ferro diminuiu para 70% e a remoção de fosfato diminuiu para 85%. No terceiro ciclo, a remoção de ferro foi de 68% e a remoção de fosfatos manteve-se nos 80%.

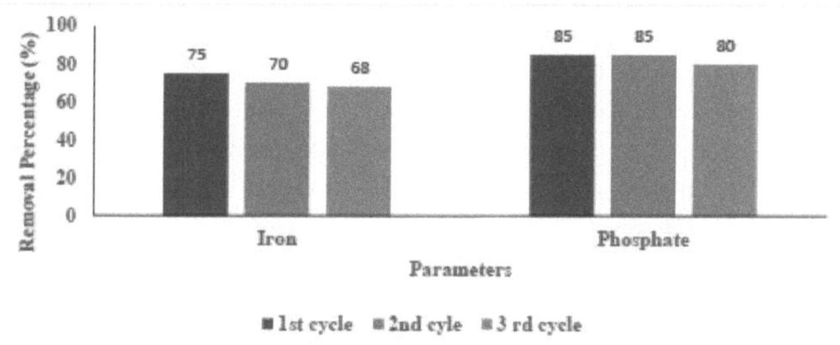

Fig nº:6.6: Percentagem de remoção de ferro e fosfato utilizando pó de casca de romã em três ciclos

Tabela nº: 6.4: Remoção de ferro e fósforo em diferentes ciclos utilizando arroz pó de casca de árvore

Parâmetros	**1º ciclo**	**2º ciclo**	**3º ciclo**
Ferro	75	70	68
Fosfato	85	85	80

6.7 Ensaios de biossorventes em ácido:

Biossorvente de romã:

A solução preparada de pó de casca de romã foi colocada num balão com ácido clorídrico e deixada durante 24 horas. Depois disso, a sua capacidade de remover cloreto e fluoreto foi testada em três rondas. Na primeira ronda, removeu 70% do cloreto e do fluoreto. Na segunda ronda, a remoção de cloreto desceu para 66% e a remoção de flúor para 63%.

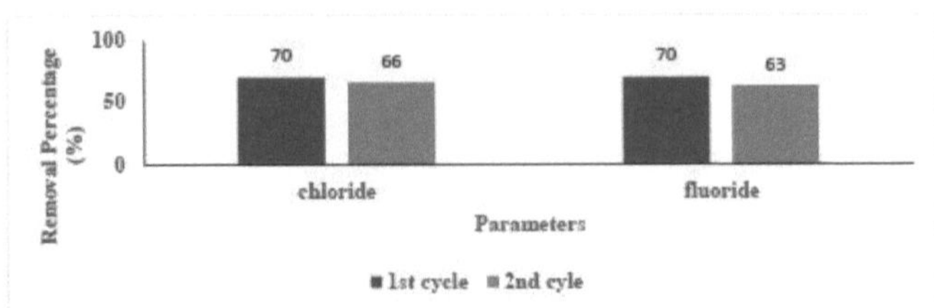

Fig no:6.7: Percentagem de remoção de cloretos e fluoretos utilizando pó de casca de romã em três ciclos em ácido

Tabela nº: 6.5: Remoção de cloretos e fluoretos em diferentes ciclos utilizando pó de casca de romã em ácido

Parâmetros	1º ciclo	2º ciclo
cloreto	70	66
fluoreto	70	63

Biossorvente de casca de arroz:

A solução preparada de pó de casca de romã foi colocada num balão com ácido clorídrico e deixada durante 24 horas. Depois disso, a sua capacidade de remover ferro e fosfato foi testada em três rondas. Na primeira ronda, removeu 20% do ferro e a remoção do fosfato foi de 50%. Na segunda ronda, a remoção de ferro desceu para 18% e a remoção de fosfato para 45%.

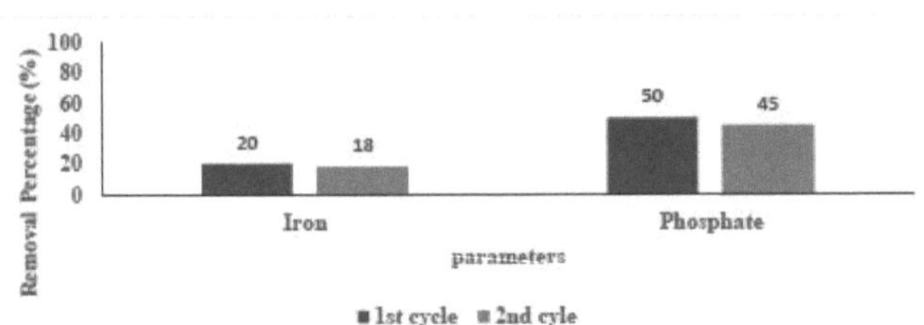

Fig nº:6.8: Percentagem de remoção de ferro, fosfato e fluoretos utilizando pó de casca de romã em três ciclos

Tabela nº: 6.6: Remoção de ferro e fósforo em diferentes ciclos utilizando pó de casca de arroz em ácido

Parâmetro	1º ciclo	2º ciclo
Ferro	20	18
Fosfato	50	45

CAPÍTULO 7

7. Âmbito do trabalho futuro:

O estudo em curso centra-se na conceção de métodos eficazes para a remoção de cloretos, fluoretos, sulfatos, ferro, fosfato, nitratos, dureza e amoníaco da água utilizando técnicas de biossorção. Utilizando biossorventes potentes como a romã, a casca de arroz, a banana, o mosambi e o melão, os investigadores pretendem desenvolver uma abordagem fiável que possa ser aplicada em estações de tratamento de água ou em sistemas de gestão de águas residuais. O interesse da biossorção reside na sua compatibilidade com o ambiente natural e na sua relação custo-eficácia. São realizadas experiências laboratoriais para recolher dados cruciais, incluindo níveis de pH, variações de temperatura, velocidades de agitação e a quantidade de biossorventes utilizados. Dada a abundância e a acessibilidade dos biossorventes, o seu potencial nos processos de purificação da água tem um significado global. A investigação avalia sistematicamente o desempenho de vários biossorventes na remoção de cloretos, fluoretos, ferro e fosfato da água poluída, com o bioadsorvente partênio a emergir como particularmente promissor. Ao analisar e comparar a eficácia de diferentes biossorventes, os investigadores pretendem otimizar as percentagens de remoção através da otimização de parâmetros e da utilização de equipamento moderno. O sucesso do estudo sublinha a importância da investigação em curso neste domínio, uma vez que uma investigação mais aprofundada sobre as estratégias de otimização e a exploração de outros biossorventes poderia melhorar os processos de purificação da água. Em última análise, o objetivo é desenvolver métodos eficientes e sustentáveis para mitigar a poluição da água e garantir o acesso a recursos hídricos limpos em todo o mundo.

CAPÍTULO 8

CONCLUSÃO:

A utilização de pós de casca de banana, romã, casca de arroz, mosambi e melão apresenta uma abordagem promissora e amiga do ambiente para o tratamento de águas residuais contaminadas com vários poluentes. Estes bio-sorventes permitem a remoção eficaz e eficiente de contaminantes, tais como metais pesados, como cloretos, fluoretos, sulfatos, dureza, amoníaco, nitratos, ferro e fósforo, normalmente encontrados em águas residuais industriais e agrícolas. Ao aproveitar as capacidades naturais de adsorção destes subprodutos agrícolas, o tratamento de águas residuais torna-se não só económico, mas também ambientalmente sustentável. Cada bio-sorvente apresenta propriedades únicas que conduzem à remoção de poluentes, incluindo a área de superfície e os grupos funcionais activos. O pó de casca de banana, conhecido pela sua elevada área de superfície e conteúdo orgânico rico, demonstra um excelente desempenho na remoção de contaminantes da água. Da mesma forma, o pó de casca de romã, o pó de casca de arroz, o pó de casca de mosambi e o pó de casca de melão apresentam capacidades de adsorção louváveis, tornando-os activos valiosos nos processos de tratamento de águas residuais. A otimização de parâmetros como o pH, a temperatura, o tempo de contacto e a dosagem aumenta a eficiência destes bio-sorventes na remoção de poluentes. Além disso, a utilização de bio-sorventes usados na aplicação em terra, após saturação com poluentes, reduz a necessidade de métodos de eliminação dispendiosos e contribui para práticas sustentáveis de gestão de resíduos. Globalmente, a utilização de pós de casca de banana, romã, casca de arroz, mosambi e melão como bio-sorventes apresenta uma solução viável para enfrentar os desafios do tratamento de águas residuais, oferecendo simultaneamente benefícios económicos e proteção ambiental.

No nosso estudo atual, explorámos a eficácia de cinco biossorventes disponíveis localmente, tratados e não tratados com produtos químicos, na remoção de um espetro de contaminantes, incluindo cloretos, fluoretos, sulfatos, dureza, amoníaco, nitratos, ferro e fósforo através de processos de biossorção. Os biossorventes investigados foram a casca de romã, a casca de banana, a casca de mosambi, a casca de melão e o pó de casca de arroz. Para avaliar a sua eficácia, realizámos estudos de biossorção, examinando meticulosamente vários parâmetros, como o pH da solução, a dosagem do biossorvente, o tempo de contacto, a concentração inicial de iões metálicos e a temperatura.

O nosso objetivo foi avaliar a capacidade destes diversos biossorventes na purificação de fontes de água contaminada, visando vários poluentes em simultâneo. Nomeadamente, o pó de casca de romã revelou-se particularmente promissor na remoção de cloretos e fluoretos, mostrando um potencial significativo para aplicações de tratamento de água. Além disso, o pó de casca de arroz demonstrou uma eficiência notável na remoção de ferro e fosfato, destacando ainda mais a sua utilidade como biossorvente.

Ao utilizar os materiais biossorventes, os resultados dos testes mostram a melhor remoção de oito parâmetros, como cloretos, fluoretos. O amoníaco, o ferro, os sulfatos, os nitratos, a dureza e o fósforo são, respetivamente, a romã, a casca de arroz e a romã, o mosambi, a casca de arroz, a romã e o melão almiscarado, a banana e o mosambi e a romã, a banana e a casca de arroz.

As condições ideais para atingir as percentagens de remoção mais elevadas foram identificadas através de experimentação sistemática. Verificámos que uma velocidade de rotação de 120 rpm, uma temperatura de 30 graus Celsius e um pH de 8 eram conducentes à

maximização da eficiência da biossorção. Além disso, foi determinado um tempo de contacto ideal de 120 minutos e dosagens específicas de 0,55 g para a casca de romã e 0,44 g para o pó de casca de arroz para uma remoção óptima dos poluentes.
Estas descobertas sublinham o potencial dos biossorventes de origem local na abordagem dos desafios da poluição da água, oferecendo soluções sustentáveis e económicas para a recuperação ambiental. Aproveitando as propriedades naturais destes materiais e optimizando os parâmetros operacionais, podemos aumentar a sua eficácia na mitigação de contaminantes e na salvaguarda da qualidade da água para várias aplicações. A investigação contínua nesta área é promissora para o avanço no domínio do tratamento da água e para a promoção da sustentabilidade ecológica.

REFERÊNCIAS

1. Ali, Imran, et al. "Casca de banana: um sorvente ecológico e económico para a remoção selectiva de chumbo (II) de águas residuais industriais." Journal of Environmental Chemical Engineering 4.1 (2016): 956-964.
2. Annadurai, Gurusamy, et al. "Removal of heavy metals from industrial wastewaters by adsorption onto activated carbon prepared from an agricultural solid waste." Bioresource Technology 99.14 (2008): 6214-6222.
3. Gok, Ozgur, Mustafa Ozcan e Mithat Yilmaz. "Utilização de membrana de casca de ovo como adsorvente de baixo custo para remoção de iões Pb (II) e Cd (II) de soluções aquosas." Journal of Environmental Management 90.2 (2009): 9961009.
4. Gupta, Vinod Kumar, e Imran Ali. "Removal of lead and chromium from wastewater using bagasse fly ash-a sugar industry waste." Water Research 36.10 (2002): 2304-2316.
5. Han, Renzhi, et al. "Biochar derivado de casca de laranja para adsorção de cádmio (II) e chumbo (II) em soluções aquosas." Journal of Environmental Chemical Engineering 4.2 (2016): 1923-1932.
6. Jusoh, Norshuhaila Mohamed, e Norazian Mohamed Noor. "A utilização de casca de banana como bio-sorvente para a remoção de Cu (II) em águas residuais sintéticas." Research Journal of Chemistry and Environment 12.3 (2008): 61-66.
7. Li, Qingzhu, et al. "Remoção de chumbo de solução aquosa por casca de laranja quimicamente modificada". Journal of Hazardous Materials 174.1-3 (2010): 694699.
8. Lua, Aik Chong, e Tadashi Guo. "Preparação e caraterização de carvão ativado a partir de caroço de óleo de palma para remoção de Pb (II) de uma solução aquosa." Avanços na Pesquisa Ambiental 7.1 (2002): 471-478.
9. Pehlivan, Erdogan, e Tugba Yanik. "Estudos cinéticos e de equilíbrio da remoção de iões de chumbo (II) e cobre (II) de uma solução aquosa por adsorção em carvão ativado preparado a partir de bagaço de uva." Journal of Hazardous Materials 135.1-3 (2006): 387-395.
10. Senthilkumar, Selvaraj, et al. "Estudos cinéticos e de equilíbrio da adsorção de cobre (II) de uma solução aquosa por carvão ativado a vapor preparado a partir de caroço de manga". Colloids and Surfaces A: Physicochemical and Engineering Aspects 299.1-3 (2007): 146-152.
11. Ahmad, Tauseef, et al. "Removal of Cr (VI) from wastewater using orange peel as an adsorbent." Monitoramento e avaliação ambiental 179.1-4 (2011): 123-133.
12. Al-Ghouti, Mohammad A., et al. "Studies on the mechanism of the batch adsorption process of copper ions onto olive cake." Journal of Hazardous Materials 142.1-2 (2007): 47-56.
13. Azizian, Saeed. "Modelos cinéticos de sorção: uma análise teórica". Journal of colloid and interface science 276.1 (2004): 47-52.
14. Banat, Fawzi, et al. "Uma revisão: Biosorção de metais pesados de soluções aquosas por fungos". Journal of basic microbiology 39.6 (1999): 453-467.
15. Basso, M. C., et al. "Modificação de sementes de papaia (Carica papaya) para biossorção de cobre de soluções aquosas." Dessalination 271.1-3 (2011): 231-238.
16. Dubey, Shashi Prabha, et al. "Potencial de biossorção de biomassas mortas para remoção de crómio (VI) de águas residuais: uma revisão". Jornal de Engenharia de Processos de Água 28 (2019): 222-245.
17. Gupta, Vinod Kumar, e Imran Ali. "Removal of fluoride from drinking water using red mud, activated alumina and blast furnace slag." Water Research 37.16 (2003): 3980-3988.

18. Han, Renzhi, et al. "Casca de manga modificada por etilenodiamina para remoção eficiente de Cr (VI) de soluções aquosas." Chemical Engineering Journal 229 (2013): 421-428.
19. Hossain, Md. Sohrab, et al. "Kinetics of cadmium removal from wastewater by using bone charcoal." Tecnologia de Separação e Purificação 43.1 (2005): 95101.
20. Kurniawan, Tonni Agustiono, et al. "Utilização de carvão de casca de coco para a remoção de chumbo de águas residuais de galvanoplastia: equilíbrio de adsorção e cinética." Journal of Hazardous Materials 97.1-3 (2003): 49-62.
21. Boujelben, N., Bouzid, J., Elouear, Z., Feki, M., Jamoussi, F. e Montiel, A. 2008. Remoção de fósforo de soluções aquosas utilizando sorventes naturais e artificiais revestidos com ferro. Journal of Hazardous Materials 151(1), 103-110.
22. Boisvert, J.P., To, T.C., Berrak, A. e Jolicoeur, C. 1997. Adsorção de fosfato em processos de floculação de sulfato de alumínio e sulfato de poli-alumínio-silicato. Water Research 31(8), 1939-1946.
23. Brattebo, H. e Odegaard, H. 1986. Remoção de fósforo por alumina activada granular. Water Research 20(8), 977- 986.
24. Yee, W.C. 1966. Remoção selectiva de fosfatos mistos por alumina activada. American Water Works Association, 58(2), 239-247.
25. Huang, S.H. e Chiswell, B. 2000. Remoção de fosfatos de águas residuais utilizando lamas de alúmen usadas. Water Science and Technology 42(3-4), 295-300.
26. Korngold, E. 1973. Remoção de nitratos da água potável por permuta iónica. Water, Air and Soil Pollution 2(1), 15-22.
27. Devi, O.S. e Ravindhranath, K. 2012. Controlo do cromato em águas poluídas: Uma abordagem biológica. Indian Journal ofEnvironmental Protection 32(11), 943951.
28. Kumari, A.A. e Ravindhranath, K. 2012. Extração de iões de alumínio (III) de águas poluídas utilizando bio-sorventes derivados de plantas de acácia melanoxylon e eichhornia crassipes. Jornal de Investigação Química e Farmacêutica 4(5), 2836- 2849.
29. Ravulapalli, S. e Ravindhranath, K. 2017. Estudos de desfluoretação utilizando carbono ativo derivado das cascas da planta Ficus racemosa. Journal of Fluorine Chemistry 193, 58-66.
30. Divya, J.M., Kiran, K.R. e Ravindhranath, K. 2012. Novos biossorventes no controlo da poluição por fosfato em águas residuais. Revista Internacional de Ciências Ambientais Aplicadas 7(2), 127-140.

123456

Dosagem de biossorvente (gm)

Printed by Books on Demand GmbH, Norderstedt / Germany